Schriftenreihe der GTZ, Nr. 167

Mechanisierung der Landwirtschaft in Entwicklungsländern
Zur Rolle von GTZ-geförderten Prüf- und Forschungszentren für Landmaschinen

Mechanisierung der Landwirtschaft in Entwicklungsländern

Zur Rolle von GTZ-geförderten Prüf- und Forschungszentren für Landmaschinen.

Karl-Heinz-Steinmann

Eschborn 1988

CIP-Titelaufnahme der Deutschen Bibliothek

Steinmann, Karl-Heinz: Mechanisierung der Landwirtschaft in Entwicklungsländern: zur Rolle von GTZ-geförderten Prüf- u. Forschungszentren für Landmaschinen/Karl-Heinz Steinmann. [Hrsg.: Dt. Ges. für Techn. Zusammenarbeit (GTZ) GmbH]. – Rossdorf: TZ-Verl.-Ges., 1988
   (Schriftenreihe der GTZ; Nr. 167)
   ISBN 3-88085-253-7 (GTZ)
   NE: Deutsche Gesellschaft für Technische Zusammenarbeit <Eschborn>: Schriftenreihe der GTZ

Herausgeber:
Deutsche Gesellschaft für Technische Zusammenarbeit (GTZ) GmbH,
Dag-Hammarskjöld-Weg 1+2, Postfach 5180, 6236 Eschborn

Redaktion:
Andreas von Schumann

Umschlagsgestaltung:
Manfred Sehring

Druck und Vertrieb:
TZ-Verlagsgesellschaft mbH, Postfach 1164, 6101 Roßdorf

ISBN 3-88085-253-7
ISSN 0723-9637

I/8811/1.5
Printed in Germany

Alle Rechte der Verbreitung einschließlich Film, Funk und Fernsehen sowie der Fotokopie und des auszugsweisen Nachdrucks sowie Speicherung auf Datenträgern vorbehalten.

Vorwort

Eine Stagnation beziehungsweise ein Rückgang der landwirtschaftlichen Produktion in Entwicklungsländern ist in vielen Fällen auf eine verfehlte Preispolitik der betreffenden Länder zurückzuführen. Höhere Erzeugerpreise für landwirtschaftliche Produkte sind deshalb Inhalt nicht nur des bilateralen Politikdialogs, sie sind auch regelmäßig Gegenstand von entwicklungspolitischen Diskussionen auf multilateraler Ebene. Nur angemessene Preise können den Landwirt bewegen, den „selbstverhängten Produktionsstreik", die Beschränkung auf die Subsistenzproduktion aufzugeben und für den Markt zu produzieren.

Höheres Einkommen bedeutet sowohl Anreiz als auch finanzielle Möglichkeit zu einem verstärkten Produktionsmitteleinsatz, in der Regel von Düngemitteln, verbessertem Saatgut und auch von Pflanzenschutzmitteln. Nicht zuletzt stellt sich dann auch die Frage nach der Anwendung verbesserter „Hardware", nach besseren landtechnischen Geräten und Maschinen.

Die Prüfung der Eignung entsprechender Werkzeuge, Maschinen und Geräte für die Landwirtschaft, die Landerschließung und den Nacherntebereich gilt als wesentliche Aufgabe für agrartechnische Prüf- und Forschungszentren. Dabei dürfen nicht allein die technischen Aspekte beachtet werden. Von großer Bedeutung sind auch die ökonomische Bewertung von Verfahren im Rahmen gegebener oder angestrebter Betriebsstrukturen sowie die Berücksichtigung sozio-kultureller Wirkungen, z.B. hinsichtlich der Akzeptanz neuer Technologien oder ihr Einfluß auf den Arbeitsmarkt.

Es nützt allerdings wenig, wenn sich eine bestimmte Technologie einzelbetrieblich als geeignet erweist, die erforderliche Hardware aber nicht verfügbar gemacht werden kann.

Agrartechnische Zentren müssen deshalb die Regierungen konkret in Fragen der Importpolitik unterstützen. Sie müssen aber auch sicherstellen, daß neben notwendigen Importen bei Landmaschinen und Traktoren weitgehend nationale Ressourcen genutzt werden, z.B. durch Förderung der lokalen Produktion, sei es in Industriebetrieben oder im Handwerksbereich. Dieses bedeutet in vielen Fällen konkrete Produktentwicklung, da die lokalen Hersteller häufig nicht über die entsprechenden Voraussetzungen verfügen. Sofern ausländisches Know-how in Betracht kommt, nehmen die agrartechnischen Zentren in der Regel die Koordinationsfunktion wahr.

Weitere Aufgabenfelder sind die Unterstützung der Regierungen bei der Formulierung von Entwicklungsstrategien, speziell im Hinblick auf die Mechanisierung sowie bei deren Umsetzung. So gehen von den agrartechnischen Zentren nicht selten auch Impulse zur Verbesserung des Aus- und Fortbildungswesens aus, oder zur Förderung des ländlichen Handels und Gewerbes, insbesondere auch des Reparaturwesens.

Diese Fülle von Aufgaben führt zu einem außerordentlich komplexen Projekttyp: Im folgenden soll anhand von drei Fallbeispielen für unterschiedliche Rahmenbedingungen dargestellt werden, wie die Deutsche Gesellschaft für Technische Zusammenarbeit (GTZ) GmbH in Kooperation mit dem Partner diese Problematik aufgegriffen hat und zu welchen Lösungsformen man gemeinsam gekommen ist.

Dr. Jürgen Zaske,
Leiter der Abteilung Agrartechnik, Agroindustrie, Technische Planung, GTZ

Inhaltsverzeichnis

                        Seite

Vorwort 5

Teil 1
1. Der Entwicklungsprozeß im Agrarsektor 9
2. Ziele der landwirtschaftlichen Entwicklung 9
3. Der Beitrag der Mechanisierung zur landwirtschaftlichen Entwicklung 10
4. Zum Umfeld der Mechanisierung 11
5. Mechanisierungsstufen 11
6. Angepaßte Mechanisierung 12
7. Erfahrungen bei der Mechanisierung
   in Industrie- und Entwicklungsländern 12
8. Probleme des Technologietransfers 13
9. Ansatzpunkte der deutschen Technischen Zusammenarbeit
   im Bereich der Mechanisierung 14

Teil 2
Länderberichte
- Brasilien 17
- Portugal 35
- Sri Lanka 51

Teil 3
1. Ergebnisse der deutschen Technischen Zusammenarbeit 71
2. Defizite der Zusammenarbeit 71
3. Vorschläge zur Qualitätsverbesserung und Steigerung
   der Effektivität bei der Zusammenarbeit auf dem Gebiet
   der Mechanisierung der Landwirtschaft 72
3.1 Gemäßigte Zielformulierungen 72
3.2 Standort -und trägergerechte Planung 73
3.3 Situations- und Bedarfsanalyse 73
3.4 Umfang der Aktivitäten und Prioritäten 74
3.5 Flexible Projektpolitik 74
3.6 Counterpartfortbildung 75
3.7 Nutzung der vorhandenen Infrastruktur
    auf dem Gebiet der Mechanisierung 75
3.8 Außenwirksamkeit und Öffentlichkeitsarbeit 75
3.9 Konzept der Nachbetreuung 76

Literaturverzeichnis 78

1. Der Entwicklungsprozeß im Agrarsektor

In der Zeit nach dem Zweiten Weltkrieg setzte man allgemein Modernisierung und Entwicklung mit Industrialisierung gleich (Marsden, 1973). Die Entwicklung der Landwirtschaft spielte bis Ende der 60er Jahre in vielen Ländern nur eine untergeordnete Rolle. Diese Modernisierungsstrategie wurde zunehmend fragwürdiger.

Man mußte feststellen, daß:
— die Lebensmittelproduktion nicht mit der Steigerung der Nachfrage standhielt und immer größere Nahrungsmittelimporte notwendig wurden, um die wachsende Bevölkerung zu ernähren;
— die übrige Wirtschaft nicht in der Lage ist, genügend Arbeitsplätze für die urbane und rurale Bevölkerung zur Verfügung zu stellen;
— die Entwicklung der urbanen Zentren, der Infrastruktur und die dafür notwendigen Ressourcen eine Stagnation der Einkommen und der Kaufkraft für die rurale Bevölkerung bedeutete.

Allgemein wurde erkannt, daß die landwirtschaftliche Produktion erhöht, Einkommen der ländlichen Bevölkerung verbessert sowie Arbeitsplätze in der Landwirtschaft geschaffen und erhalten werden müssen.

Entwicklung konnte somit nicht nur auf Industrialisierung reduziert, sondern als ein vielschichtiger Prozeß verstanden werden, der aus wirtschaftlichem Wachstum, technischer Modernisierung, sozialem Wandel, sozialer Mobilisierung und Motivierung, kultureller Entwicklung und Partizipation der Bevölkerung besteht (Bergmann, 1984).

2. Ziele der landwirtschaftlichen Entwicklung

Die Ziele der landwirtschaftlichen Entwicklung sind erstmal Produktionssteigerung und Einkommensverbesserung für die Bauern. Darüber hinaus werden an die Landwirtschaft in Entwicklungsländern gesamtwirtschaftliche Aufgaben gestellt, die nicht unbedingt mit den Maßnahmen zur Modernisierung des Agrarsektors übereinstimmen müssen.

Die Entwicklung des Agrarsektors kann/soll zusätzlich darauf zielen:
— Arbeitsplätze zu schaffen;
— außerlandwirtschaftliche Aktivitäten zu stimulieren;
— eine physische und institutionelle Infrastruktur herauszubilden, die innovative Aktivitäten erlaubt und einen Wandel der Gesellschaft sowie deren Bewußtsein fördert;
— die Landflucht aufzuhalten und die ländliche Kultur zu bewahren.

3. Der Beitrag der Mechanisierung zur landwirtschaftlichen Entwicklung

Die Erfolge der Landwirtschaft können nicht allein auf die Mechanisierung zurückgeführt werden, sondern sind Ergebnisse einer Kombination von Inputs. Verbessertes Hochertragssaatgut, Benutzung von Dünger, Einsatz von chemischen Mitteln, Benutzung von Dünger, Einsatz von chemischen Mitteln, neue Anbautechniken können als wichtige Faktoren für die Produktionssteigerung genannt werden. Der Beitrag der Mechanisierung besteht im wesentlichen aus:

- zeitgerechter und schlagkräftiger Durchführung von einzelnen oder mehreren Operationen;
- qualitativer Verbesserung der Arbeiten;
- möglichen Ausweitungen oder dem Einbezug von bisher nicht kultivierbaren Flächen;
- Senkung der Produktionskosten;
- Reduzierung von Produktionsverlusten;
- Verringerung oder Vermeidung harter, körperlicher Arbeit;
- der Möglichkeit zusätzliches Einkommen durch Ausführen inner- und außerlandwirtschaftlicher Arbeiten zu erzielen;
- einem möglichen „social uplifting" für den einzelnen, die Gruppe oder gar der dörflichen Gemeinschaft.

Neben diesen positiven Wirkungen soll jedoch nicht verschwiegen werden, daß die Mechanisierung der Landwirtschaft durchaus auch Probleme aufwerfen und negative Nebeneffekte hervorbringen kann.

Ohne gezielte Gegensteuerung sind mit der Mechanisierung folgende Nachteile verbunden:
- eine wachsende Polarisierung innerhalb der Agrarstruktur (große Betriebe werden schneller mechanisieren und expandieren), (Binswanger, 1984);
- Arbeitsplätze können abgebaut werden und zur Vergrößerung der Arbeitslosigkeit führen;
- zusätzliche Einkommen für Saisonarbeitskräfte oder Unterbeschäftigte fallen weg;
- ein ökonomisch falscher Einsatz kann die Kosten erhöhen und zieht bei der Motormechanisierung oft wertvolle Devisen aus der Gesamtwirtschaft ab;
- Staatssubventionen für die Mechanisierung bevorteilen wenige.

Dies verdeutlicht, daß die Mechanisierung einen äußerst komplexen Prozeß darstellt, der sehr sorgfältig geplant werden muß. Nur dann lassen sich die Möglichkeiten, die die Mechanisierung bietet, sinnvoll nutzen und Innovationen in die Praxis umsetzen.

4. Zum Umfeld der Mechanisierung

Die Mechanisierung der Landwirtschaft in Entwicklungsländern wird bestimmt durch:
- die Politik der Regierung eines Landes und deren Mechanisierungsvorstellungen, soweit vorhanden;
- die gesamtwirtschaftliche Situation und die Infrastruktur;
- die vorhandenen Agrarstrukturen und die physischen Faktoren wie Klima, Boden, Topographie;
- die Bedürfnisse der Bauern und deren Kaufkraft;
- den Preis und das Aufgebot von Arbeitskraft;
- bereits vorhandene Technologien und traditionelle Produktionstechniken;
- das Angebot und den Preis von landwirtschaftlichen Produkten;
- die lokale Landmaschinenindustrie, die Importeure und den Service, die Wartungs- und Reparaturmöglichkeiten;
- die Ausbildung von Benutzern, Herstellern und dem Reparaturgewerbe und
- die existierenden Institutionen und Organisationen, die sich mit der Mechanisierung befassen.

Eine Gewichtung der Faktoren kann erst nach einer intensiven Situationsanalyse für das jeweilige Land erfolgen und somit Aufschluß darüber geben, welche Schwachpunkte existieren und welche Aspekte einer Mechanisierung dienlich sind.

5. Mechanisierungsstufen

Zum besseren Verständnis dessen, was unter der Mechanisierung der Landwirtschaft und den verschiedenen Mechanisierungsstufen verstanden wird, können allgemein akzeptierte Definitionen herangezogen werden, wobei sich diese Studie hauptsächlich an folgender orientiert:

„Agricultural mechanization embraces the manufacture, distribution and operation of all types of tools, implements, machines and equipment for agricultural land development, farm production, and crop harvesting and primary processing. It includes three main power sources: human, animal and mechanical. Based on these three power sources, the technological levels of mechanization have been broadly classified as hand-tool technology, animal draught technology and mechanical power technology." (p. 4) (Grifford, 1981)

Heute steht für alle Mechanisierungsstufen ein breites Angebot von einfachen Werkzeugen, Geräten und Landmaschinen zur Verfügung. Jedoch heißt das noch nicht, daß die heute verfügbaren Maschinen und Geräte in jedem Fall auch den besonderen Anforderungen in Entwicklungsländern gerecht werden oder auf sie zugeschnitten sind. Reine Formen der Mechanisierungsstufen sind nur noch vereinzelt regional oder auf dörflicher Ebene anzutreffen. In der Regel werden in den Ländern auf regionaler oder dörflicher Ebene oder sogar im Einzelbetrieb sämtliche Stufen in unterschiedlicher Kombination zu finden sein.

6. Angepaßte Mechanisierung

Es herrscht Uneinigkeit, was man unter dem Fachausdruck „angepaßte Mechanisierung" verstehen soll. Eine Vielzahl ähnlicher Formulierungen wurden geprägt und sind im Sprachgebrauch. Hinter dem relativ neuen Schlagwort verbirgt sich jedoch ein uraltes Prinzip.

„People have been practising intermediate or appropriate technology since beginning of civilisation though not by this name". (Dunn 1976)

Weitverbreitet ist das Mißverständnis, angepaßte Mechanisierung wäre eine Schmalspurmechanisierung oder eine Mechanisierung auf technisch niedrigem Niveau. Eine angepaßte Mechanisierung ist eine Mechanisierung, die den sozialen, ökonomischen und technischen Erfordernissen gerecht wird, das heißt, eine Unkrauthacke oder auch ein Mähdrescher können in Abhängigkeit von den gegebenen Verhältnissen als angepaßt gelten.

Entscheidend für die Angepaßtheit sind die Faktoren, die der Auswahl und dem Einsatz von Landmaschinen und Geräten zugrundeliegen und nicht die Technologie als solche.

7. Erfahrungen bei der Mechanisierung in Industrie- und Entwicklungsländern

Industrieländer

Der Prozeß der Mechanisierung ist in den meisten Industrieländern soweit fortgeschritten, daß nur noch ein geringer Prozentsatz der Arbeitskräfte in der Landwirtschaft tätig ist. Wo früher die Mehrzahl der Beschäftigten in der Landwirtschaft tätig waren, sind es heute unter 20 Prozent, 15 Prozent oder gar unter fünf Prozent, z.B. USA und Großbritannien (Binswanger, 1984). Historisch gesehen verlief die Mechanisierung der Landwirtschaft parallel zur Industrialisierung. Die schnell wachsende Industrie erforderte Arbeitskräfte, die sich der Landwirtschaft und dem ländlichen Raum entzog. Arbeitskräfte in der Landwirtschaft wurden durch die Mechanisierung substituiert. Gleichzeitig war die Industrie in der Lage, eine fortschreitende Mechanisierung durch geeignete Maschinen und Geräte (meist motorgetrieben) möglich zu machen. Dies hatte einen rapiden Wandel in der

Agrarstruktur wie im ländlichen Raum zur Folge. Trotz des raschen Rückgangs der Beschäftigten in der Landwirtschaft stieg die Produktion. Negative Auswirkungen der Mechanisierung konnten somit von der gesamtwirtschaftlichen Entwicklung größtenteils kompensiert werden. Jedoch war dieser Wandel sicherlich auch mit Opfern und Einschränkungen für die betroffenen Gruppen verbunden.

Entwicklungsländer

Die Anfänge der Mechanisierung in Entwicklungsländern basierten auf importierter Technologie, da keine entsprechende industrielle Basis in diesen Ländern vorhanden war. Hieran hat sich bis heute nur sehr wenig geändert.

Die importierten Landmaschinen aus den Industrieländern sind für deren Bedürfnisse entwickelt und gebaut worden. In Entwicklungsländern kommen sie zum Einsatz unter anderen klimatischen, topographischen, ökonomischen und sozialen Bedingungen (Martins, 1981). Da importierte Maschinen ein „back-up" aus verschiedenen Wirtschaftsbereichen benötigen (Reparatur- und Wartungsdienste, Versorgung von Ersatzteilen etc.), ein gut ausgebildetes Bedienungspersonal voraussetzen, ist ein wirtschaftlich sinnvoller Einsatz in vielen Fällen nicht gewährleistet. Ohne diese Voraussetzungen leidet die Lebensdauer der Maschinen und Geräte. Die unzähligen von Gras überwachsenen Maschinen und Geräte in Entwicklungsländern sind ein deutlicher Hinweis, daß der Transfer von Technologie nicht mit Import gleichgesetzt werden kann.

8. Probleme des Technologietransfers

Technologien entstehen nicht im leeren Raum, sondern sind das Ergebnis von Wissen und technischem Know-how, das eine spezifische Kultur hervorgebracht hat. Technologien und soziokulturelle Entwicklung beeinflussen sich gegenseitig. Der Transfer von Technologie hat somit nicht nur eine technische Komponente, sondern ist abhängig von sozio-kulturellen Rahmenbedingungen (Bergmann, 1984). Das Spektrum von Technologien ist bis heute limitiert, da westliche Technologien im allgemeinen kapitalintensiv und an die Bedingungen der Industrieländer angepaßt sind und die traditionellen Technologien der Entwicklungsländer nicht produktiv genug erscheinen. Dazwischen ist eine Lücke, die es zu füllen gilt. Einer eigenständigen Entwicklung von Technologien für die Landwirtschaft fehlen in Entwicklungsländern das Kapital und die Zeit.

Leider wird von den Entwicklungsplanern und den Politikern oft vergessen, wer letztlich die Entscheidung trifft, welche Technologie zum Einsatz kommt. Der Bauer entscheidet individuell darüber, welche Art von Mechanisierung ihm die meisten Vorteile bietet. Gesamtwirtschaftliche Überlegungen spielen für ihn keine

Rolle (Martins, 1981). Deshalb entscheidet sich der Bauer gewöhnlich für eine kapital-intensive Form der Mechanisierung mit geringem Arbeitskräftebedarf und nicht für eine Mechanisierung, die auf arbeitsintensiver Technologie aufbaut.

Ein erfolgreicher Technologietransfer erfordert deshalb, daß in den Entwicklungsländern Voraussetzungen für die Steuerung des Mechanisierungsprozesses auf allen Ebenen geschaffen werden.

9. Ansatzpunkte der deutschen Technischen Zusammenarbeit im Bereich der Mechanisierung

Fehlende Ressourcen sind in vielen Entwicklungsländern oft der Grund für eine stagnierende oder nur langsam wachsende Produktion von Nahrungsmitteln. Um die Ressourcenknappheit zu überbrücken und Fortschritte in der Entwicklung zu erzielen, hilft die Bundesrepublik Deutschland den Ländern des Südens. Viele dieser Kooperations- und Unterstützungsmaßnahmen werden durch das Bundesministerium für wirtschaftliche Zusammenarbeit (BMZ) gefördert.

Die Durchführung der staatlichen technischen Hilfe wird in den meisten Fällen der Deutschen Gesellschaft für Technische Zusammenarbeit (GTZ) GmbH übertragen. Die GTZ kann auf dem Gebiet der Entwicklungszusammenarbeit und speziell der Förderung der Landwirtschaft auf eine lange und reiche Erfahrung zurückgreifen. Eine der Komponenten ist die Förderung und Mechanisierung der Landwirtschaft in Entwicklungsländern. Wie bereits oben dargestellt ist dies ein komplexer Prozeß, der auf verschiedenen Ebenen abläuft und weitreichende Konsequenzen für die Bevölkerung und die Wirtschaft eines Landes haben kann. Die GTZ kann einem Entwicklungsland zur Unterstützung und Hilfe bei der Mechanisierung der Landwirtschaft ein umfangreiches Paket von Förderungsinstrumenten zur Verfügung stellen. Je nach den Erfordernissen, die vorher sorgfältig analysiert und erforscht werden müssen, kann bei der Mechanisierung auf folgenden Gebieten zusammengearbeitet werden:

— Landmaschinenprüfung und Entwicklung
— Agrartechnische Ausbildung
— Überbetrieblicher Landmaschineneinsatz
— Förderung der landtechnischen Produktion
— Unterstützung von Landmaschinenhandwerk und Reparaturwesen
— Zugtiernutzung
— Organisationformen (Genossenschaftswesen).

Die konkreten Vorhaben müssen sich nicht auf einzelne Gebiete beschränken, sondern können übergreifend oder zeitlich abgestimmt ablaufen. Schwerpunkte der Zusammenarbeit können sich herausbilden.

Mit dieser Studie soll ein Beitrag zum besseren Verständnis und zur Information interessierter Parteien über die Arbeit der GTZ auf dem Gebiet der Landmaschinenprüfung und Entwicklung geleistet werden. Umfangreiche Publikationen liegen bereits zur Zugtiernutzung, landtechnischen Ausbildung und zum überbetrieblichen Landmaschineneinsatz vor. Diese Bereiche werden deshalb nur mit einbezogen, falls diese Bestandteil der einzelnen Vorhaben sind.

Da die Entwicklung ein dynamischer von Menschen geformter Prozeß ist, erschien es sinnvoll Länderberichte zu erstellen, um auf die jeweiligen Besonderheiten der Länder bei der Zusammenarbeit eingehen zu können.

Länderbericht Brasilien

Inhaltsverzeichnis

1. Kurzbeschreibung des Landes
2. Rahmenbedingungen
3. Charakterisierung des Agrarsektors
4. Stand der Mechanisierung der Landwirtschaft
5. Einheimische Landmaschinenindustrie und Importe
6. Institutionelle Infrastruktur
7. Projektansatz
8. Projektträger
9. Projektziel
10. Zielgruppen der Projektzusammenarbeit
11. Projektaktivitäten
12. Projektergebnisse und Auswirkungen
13. Zukünftige Aktivitäten
14. Zusammenfassung
    Abkürzungen
    Literatur- und Quellenverzeichnis
    Fotodokumentation

Projektnummer:	79.2290.9
Land/Region:	Brasilien/Südamerika
Projekttyp:	TZ
Projektträger:	Landwirtschaftsministerium
Projektlaufzeit:	Februar 1982 – Dezember 1987
Projektmittel:	5,5 Millionen DM
Deutsche Mitarbeiter:	drei Langzeitfachkräfte Kurzzeitexperten

1. Kurzbeschreibung des Landes

Brasilien ist eine föderative Republik, die in 21 Bundesstaaten, vier Bundesterritorien und einen Bundesdistrikt gegliedert ist. Mit 8,5 Millionen Quadratkilometern ist Brasilien der fünftgrößte Staat der Erde und das größte Land in Südamerika, etwa 35mal so groß wie die Bundesrepublik Deutschland. Die größte Nord-Süd Entfernung sowie die größte Ost-West Entfernung beträgt ca. 4300 Kilometer.

Brasilien besteht aus drei Großlandschaften:
- Das Bergland von Guayana bildet eine Rumpffläche mit weiten Plateaus und isolierten Inselbergen. Das Bergland fällt nach Süden schroff zum Amazonasbecken ab.
- Das Amazonas Tiefland mit seinem tropischen Regenwald ist das größte zusammenhängende Waldgebiet der Erde. Es wird vom Amazonas und zahlreichen Zuflüssen, die teilweise von breiten Überschwemmungszonen gesäumt sind, entwässert. Teile des Urwaldes sind/werden urbar gemacht.
- Im Süden des Amazonasbeckens erhebt sich das Land mit einer schwachen Stufe zum brasilianischen Berg- und Tafelland. Es handelt sich um gewölbtes Rumpfgebirge, das mittlere Höhen von 500–1000 Meter aufweist. Das Bergland fällt rasch zum meist schmalen atlantischen Küstensaum ab.

Das Klima Brasiliens ist überwiegend tropisch und zeigt deutliche Differenzierungen vom innertropischen Äquatorialklima im Norden, über das Klima der wechselfeuchten äußeren Tropen, bis zum subtropischen Klima im südlichen Teil des Landes. Das Amazonastiefland erhält das ganze Jahr über Niederschläge (bis 3000 mm). Südlich des Amazonastieflandes schwanken Niederschlagsmengen und Temperaturen, es treten mehrmonatige Trockenzeiten auf. Relativ hohe Niederschläge weist die Ostküste auf, bedingt durch Passatwinde. Im Inneren Ostbrasiliens sind die Niederschläge äußerst unregelmäßig, da es im Regenschatten der Küstengebiete liegt. Diese Gebiete sind dürregefährdet.

Die Bevölkerung von 135 Millionen (1985), mit einem geschätzten Wachstum von zwei Prozent, ist infolge historischer und natürlicher Gegebenheiten regional sehr ungleich verteilt. Dicht besiedelt sind die Küstengebiete im Osten und Südosten. Zum Landesinnern nimmt die Bevölkerungsdichte rasch ab. Weite Gebiete des Amazonasbeckens sind praktisch menschenleer (siehe Bild 1).

Der Anteil der städtischen Bevölkerung stieg im Zeitraum von 1960–1980 auf 68 Prozent an und dürfte heute bereits über 70 Prozent betragen.

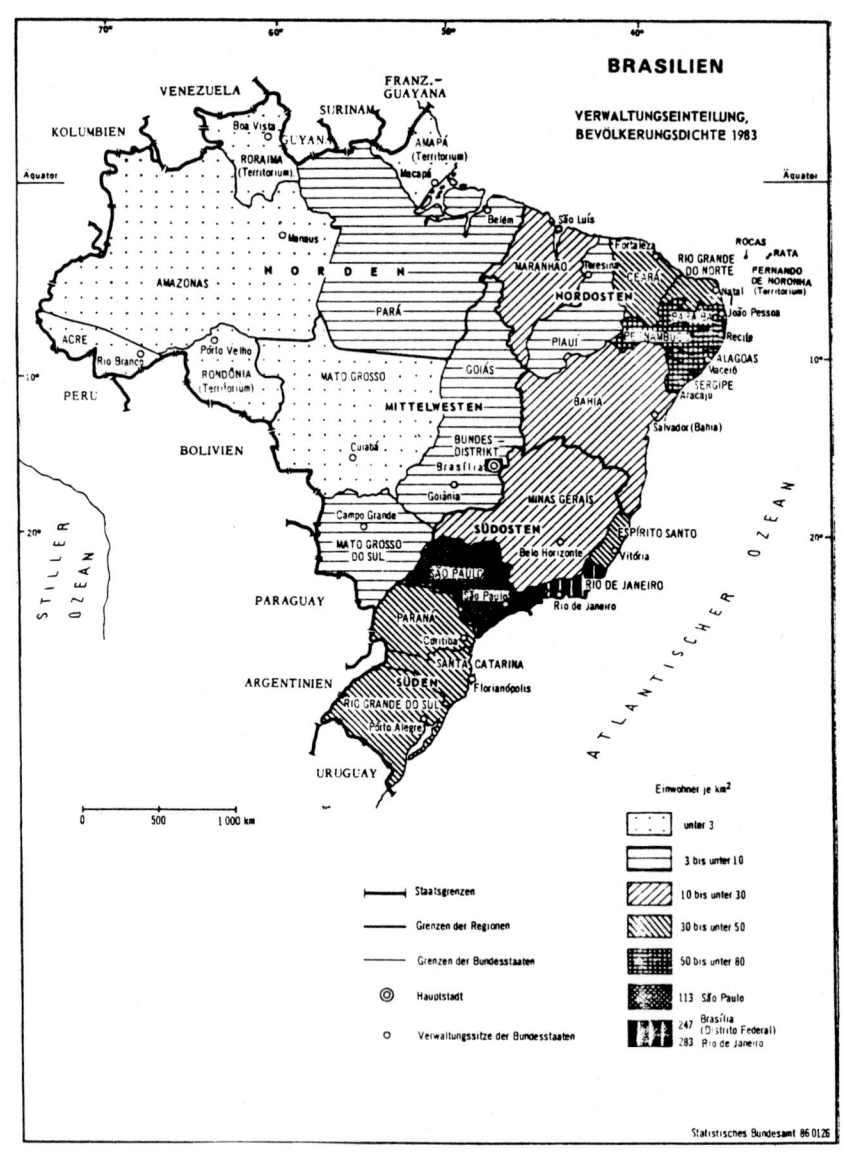

Abb. 1: Brasilien, Verwaltungseinteilung, Bevölkerungsdichte 1983
Quelle: Statistisches Bundesamt

2. Rahmenbedingungen

Brasilien wird heute allgemein als Schwellenland charakterisiert. Der Wandel vom Agrar- zum Industrieland vollzog sich in den sechziger und siebziger Jahren, in denen ein starkes Wirtschaftswachstum (ca. fünf Prozent jährlich), das über dem Bevölkerungswachstum lag, zu verzeichnen war. Gleichzeitig stieg die Zahl der Erwerbstätigen und das Realeinkommen der Bevölkerung. Als Anfang der achtziger Jahre eine wirtschaftliche Rezession folgte, traten unter anderem folgende Probleme auf:
- eine steigende Auslandsverschuldung verbunden mit einer steigenden Staatsverschuldung (110 Milliarden US-Dollar 1987);
- eine überaus hohe Inflation (250 Prozent – 300 Prozent 1987);
- starke regionale und sektorale Einkommensunterschiede (große Bevölkerungsteile leben unterhalb der Armutsgrenze);
- geringes Wachstum der Nahrungsmittelproduktion;
- ein starker Rückgang der allgemeinen Nachfrage und der Exporterlöse aus Rohstoffen;
- Großprojekte der Regierung entzogen teures Kapital.

Die Probleme machten 1986 einen Reformkurs nötig, der harte wirtschaftspolitische Maßnahmen forderte und verstärkt auf die Initiative der Privatwirtschaft ausgerichtet war. Der Landwirtschaft wurde stärkere Aufmerksamkeit gewidmet, um die Nahrungsmittelproduktion zu steigern. In der Zwischenzeit gibt es Anzeichen für eine wirtschaftliche Erholung, die sich allerdings noch nicht konsolidiert hat.

3. Charakterisierung des Agrarsektors

Die gesamtwirtschaftliche Bedeutung der Landwirtschaft in Brasilien geht stetig zurück. So trägt die Landwirtschaft nur noch ca. zehn Prozent zum Bruttoinlandsprodukt bei, beschäftigt aber immer noch ungefähr 30 Prozent der Erwerbstätigen. An den Erlösen von Ausfuhren ist die Landwirtschaft mit ca. 13 Prozent beteiligt, wobei der Kaffee die meisten Erlöse erbringt ($2/3$).

Trotz dieser verschlechterten Position in der volkswirtschaftlichen Gesamtrechnung hat ein kontinuierliches Wachstum in der Landwirtschaft stattgefunden. Absolut nahm die Anzahl der Betriebe, das Produktionsvolumen, die bearbeitete Fläche und die Beschäftigung innerhalb der Landwirtschaft in beachtlichem Maße zu. Zur gleichen Zeit fand ein stärkerer Anstieg bei der Ausweitung der Anbauflächen und ein etwas geringerer bei der Flächenproduktivität statt.

Brasilien gehört heute zu den größten Erzeugerländern für landwirtschaftliche Exportprodukte.

4. Stand der Mechanisierung der Landwirtschaft

In Brasilien findet man noch alle Stufen der Mechanisierung, von der Handarbeit mit Hilfe einfacher Werkzeuge über die tierische Anspannung bis zum Einsatz von motorisierter Zugkraft (vornehmlich Ein- und Zweiachsschlepper, Mähdrescher etc.). Der Einsatz der verschiedenen Mechanisierungsformen ist regional, fruchtartspezifisch und betriebsgrößenspezifisch unterschiedlich.

Der Anteil der Betriebe, die motorisierte Zugkraft nutzen, stieg auf über 25 Prozent. Darunter fallen auch jene Betriebe, die sowohl tierische als auch motorisierte Zugkraft benutzen. Hohe absolute Werte weisen besonders die Regionen Süden, Südosten und Nordosten auf. Das heißt über 1,3 Millionen von insgesamt über 5,2 Millionen landwirtschaftlicher Betriebe verwenden motorisierte Zugkraft.

In allen Betriebsgrößenklassen ist der Anteil der Betriebe, die motorisierte Zugkraft einsetzen, gestiegen. Mit steigender Betriebsgröße nimmt auch die Nutzung von motorisierter Zugkraft zu.

5. Einheimische Landmaschinenindustrie und Importe

Vom einstigen Importland (bis ca. 1970) von Landmaschinen ist Brasilien zum Exportland geworden.

Der Aufbau einer nationalen Landmaschinenindustrie mit ca. 300–350 Landmaschinen- und Ackerschlepperherstellern war möglich durch einen ausgeprägten Protektionismus, die Unterstützung durch Fremdkapital, die Ansiedlung ausländischer Industrie, den Ausbau der notwendigen Infrastruktur, staatliche Subventionen, einen rasanten Strukturwandel und den technologischen Fortschritt. Brasilien ist damit bei der Produktion von Landmaschinen in die Spitzengruppe der Erzeugerländer aufgestiegen.

Ausreichende Kapazitäten für die Produktion von Landmaschinen und Ackerschleppern existieren, z.B. wurden im Rekordjahr 1976 rund 75000 Schlepper (Einachs-, Zweiachs- und Raupenschlepper) produziert, 1983 nur noch ca. 22000 und 1985 bereits wieder ca. 44000. Dies zeigt die hohe Abhängigkeit der Landmaschinenindustrie von der stark schwankenden Wirtschaftspolitik des Landes und der damit verbundenen Kaufkraft der Landwirte.

Der riesige brasilianische Markt für Landmaschinen und Ackerschlepper steht aber erst am Anfang einer Erschließung. Kaum mehr als sieben Prozent der landwirtschaftlichen Betriebe besitzen einen eigenen Schlepper. Schätzungen gehen von einem zusätzlichen Bedarf von über einer Million Ackerschlepper bis zum Jahre 2000 aus, d.h. etwa 80 000 zusätzliche Traktoren pro Jahr. Der Absatz von Landmaschinen und Ackerschleppern hing in der Vergangenheit stark vom Zugang zu Agrarkrediten und den Ersatzbeschaffungen ab. Dies dürfte auch in der Zukunft von entscheidender Bedeutung sein.

Neben Schleppern und Mähdreschern produzieren die brasilianischen Ackerschlepper- und Landmaschinenhersteller eine Palette von Geräten für Handarbeit, tierische Anspannung, motorisierte Zugkraft und für spezielle Kulturen, z.B. Zuckerrohrernter. Mehrere Hersteller bieten ein Geräteprogramm, das als full-line bezeichnet werden dürfte, auch wenn einzelne Geräte im Auftrag bei anderen Herstellern produziert werden.

6. Institutionelle Infrastruktur

Brasilien besitzt ein gut ausgebautes Universitätssystem. Jeder Bundesstaat hat mindestens eine Universität, der eine landwirtschaftliche Fakultät angegliedert ist. Die Ausbildungsrichtungen für Agraringenieure beinhalten meistens einen technischen Zweig, d.h. das Arbeitsfeld Mechanisierung kann abgedeckt werden. An den Universitäten wird allerdings überwiegend theorieorientiert gearbeitet, so daß der Praxisbezug nur bedingt gewährleistet ist.

Ein Berufsschulwesen existiert praktisch nicht. Landmaschinenmechaniker und -techniker müssen somit von der Industrie und den Reparaturwerkstätten angelernt und ausgebildet werden. Auf diesem Gebiet steht noch ein weiteres Betätigungsfeld offen.

Die Ausbildung von Multiplikatoren und landwirtschaftlichen Beratern für die Mechanisierung erfolgt bisher nur auf der Projektebene oder vereinzelt in Bundesstaaten. Eine landeseinheitliche landtechnische Beratung ist somit nicht vorhanden. Die nationale Beratungsorganisation sowie bundesstaatliche Organisationen wären die Ansprechpartner, um verstärkt die Problematik der Mechanisierung anzugehen und die Landwirte zu unterstützen. Das „Centro Nacional de Engenharia Agricolá" (CENEA) als nationale Einrichtung könnte eine koordinierende Funktion übernehmen und langfristig bei der Ausbildung von Multiplikatoren und landwirtschaftlichen Beratern mitwirken.

7. Projektansatz

Das anhaltende Bevölkerungswachstum und die unterhalb der Armutsgrenze lebenden Menschen haben eine steigende Nachfrage nach Nahrungsmitteln zur Folge, auch wird sich mit zunehmendem Lebensstandard eine steigende Nachfrage nach höherwertigen Lebensmitteln einstellen. Ebenso sind die Exportausweitung und die Importsubstitution von Agrarprodukten offizielle Entwicklungsziele. Zur Steigerung der Agrarproduktion bestehen zwei Optionen:

– Die Anbauflächen können noch beträchtlich ausgeweitet werden (nur ca. 15 Prozent der nutzbaren Flächen werden bisher bebaut).
– Die Flächenproduktivität der bereits bebauten Flächen kann intensiviert und gesteigert werden.

Beides erfordert ein Bündel von Maßnahmen. Besondere Bedeutung dürfte dabei der sinnvollen Mechanisierung der Landwirtschaft zukommen. Da die Mechanisierung einen äußerst vielschichtigen Prozeß darstellt und sowohl positive wie auch negative Auswirkungen zeigt, ist es notwendig, die Probleme der Mechanisierung zu identifizieren und Lösungsstrategien zu entwerfen.

Auf der Grundlage eines Gutachtens aus dem Jahre 1980 arbeiten die Bundesrepublik Deutschland und Brasilien in mehreren landwirtschaftlichen Vorhaben zusammen.

8. Projektträger

Bereits während der 50er Jahre, als es noch keine nationale Schlepperproduktion gab, deutete sich an, daß eine Einrichtung notwendig war, die die Eignung der importierten Maschinen im Einsatz unter brasilianischen Verhältnissen überprüfen und der Regierung damit Kriterien zur Steuerung der Importe geben konnte. Anfang der 50er Jahre wurde die Prüfpflicht für Ackerschlepper eingeführt. Die erforderlichen Prüfungen sollten beim neugegründeten „Centro Nacional de Ensaios e Treinamento Rural de Ipanema" (CENTRI) im Bundesland Sao Paulo durchgeführt werden. Ende 1975 entstand daraus das „Centro Nacional de Engenharia Agricolá" (CENEA), das sich mit erweiterter Aufgabenstellung nunmehr den Belangen einer geordneten Mechanisierung der nationalen Landwirtschaft annehmen sollte. Ebenso wie andere bedeutende Institutionen der Landwirtschaftsförderung wurde das CENEA direkt dem Landwirtschaftsministerium unterstellt.

Die Organisationsstruktur von CENEA wurde 1985 geändert (Abb. 2), die Aufgaben sind jedoch dieselben geblieben. Die fachliche Arbeit wird in drei Abteilungen durchgeführt:

– Abteilung für Maschinenprüfung
– Abteilung für Forschung und Entwicklung
– Abteilung für Ausbildung

Der Schwerpunkt der brasilianisch-deutschen Zusammenarbeit lag bislang auf dem Arbeitsfeld Maschinenprüfung.

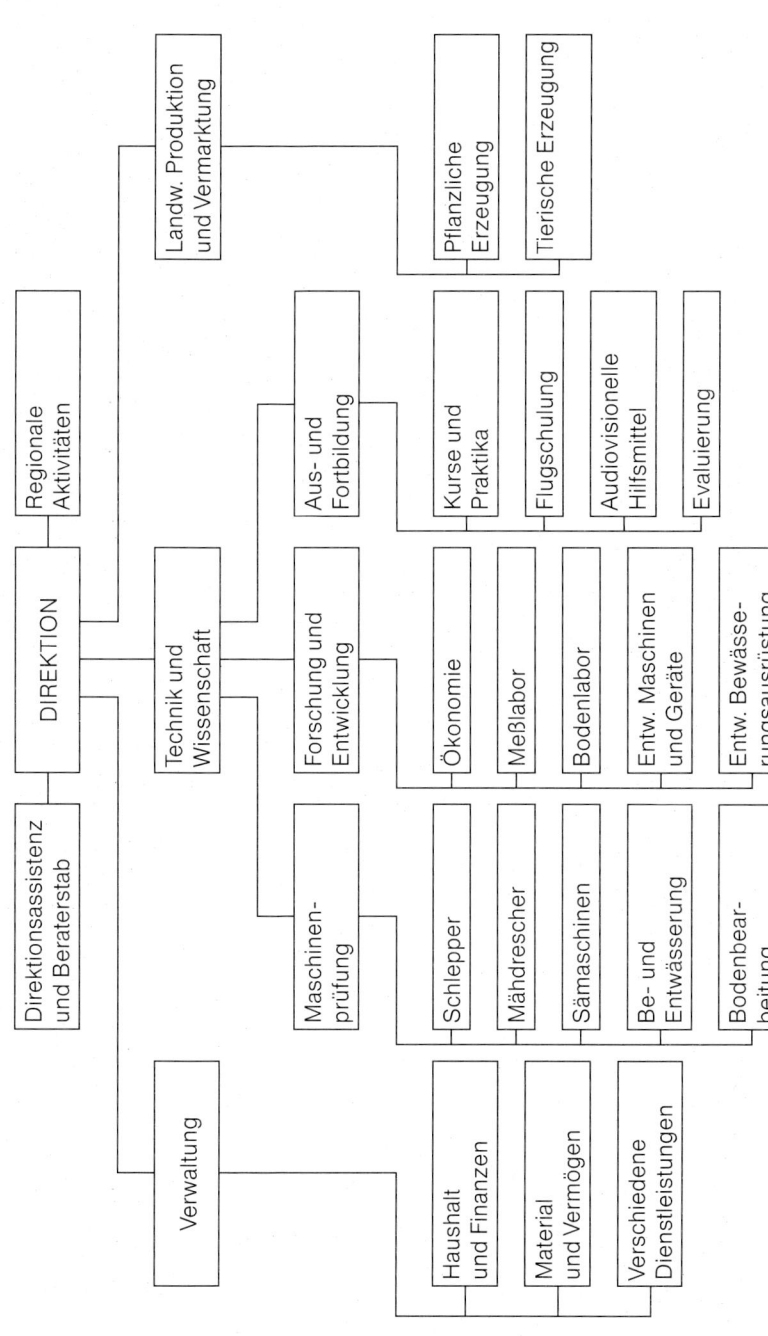

Abb. 2: CENEA, Organisationsstruktur

9. Projektziele

Ziel des Projektes ist die Förderung der sinnvollen Mechanisierung der brasilianischen Landwirtschaft. Die Unterstützung bezieht sich auf das Gebiet des Prüfwesens von Schleppern und Landmaschinen, die landtechnische Aus- und Fortbildung sowie betriebs- und arbeitswissenschaftliche Fragen bei der Verwendung von Schleppern und Landmaschinen. Im einzelnen bedeutet dies:

Ziel 1
Die bisher bei der Schlepper-, Maschinen- und Geräteprüfung erreichten Ergebnisse sollen gesichert und erweitert werden; CENEA ist so methodisch und technisch in der Lage, Prüfungen von Ackerschleppern, Geräten, Maschinen und Elementen, Werkzeugen und Ausrüstungen für die Landwirtschaft durchzuführen, deren Ergebnisse geeignet sind, dem Landwirt bei der Auswahl geeigneter Mechanisierungssysteme und der Industrie bei der Verbesserung ihrer Produkte zu dienen.

Ziel 2
Die Ausbildungsaktivitäten von CENEA sollen intensiviert und weiterentwickelt werden, indem Fachleute ausgebildet und Ausbildungsprogramme ausgearbeitet und durchgeführt werden. Die Ausbildungsprogramme sollen darauf ausgerichtet sein, Kenntnisse und Fähigkeiten von Fachkräften zu erweitern, die sich mit der Verbreitung und Anwendung von Agrartechnik befassen.

Ziel 3
Eine Arbeitsgruppe, die die arbeits- und betriebswirtschaftlichen Grunddaten und Richtlinien zur Optimierung des Einsatzes technischer Betriebsmittel im landwirtschaftlichen Betrieb erarbeitet, soll aufgebaut werden.

10. Zielgruppen der Projektzusammenarbeit

Die einzelnen Arbeitsbereiche von CENEA richten sich in unterschiedlicher Form und Gewichtung auf die Zielgruppen aus.
– Der Prüf- und Testbereich, der am weitesten ausgebaut ist, bietet den Zielgruppen eine differenzierte Ausgabe von Test- und Prüfberichten. Dies ist in folgendem Schema dargestellt.

Zielgruppe	Prüfbericht/Testbericht
Hersteller von Traktoren, Mähdrescher und Feldmaschinen	– Ausführliche Prüfberichte
Landwirtschaftliche Berater	– Auszug aus ausführlichen Prüfberichten – Testbericht (vgl. z.B. PAMI Evaluation Report, Kanada, Massey Ferguson 760 Self-Propelled Combine)
Landwirte	– Ausschnitte aus obigem Testbericht – Veröffentlichung in Fachzeitschriften (vgl. Schlepper-Vergleichstest aus Top Agrar 5/1986)

Eine Ausrichtung auf diese Zielgruppen und Bereitstellung entsprechender Publikationen kann die Außenwirkung und den Bekanntheitsgrad von CENEA wesentlich steigern und zur Akzeptanz als wichtige Prüfstation beitragen.

Der Ausbildungsbereich möchte über ein breit gefächertes Lehrgangsangebot ebenfalls mehrere Zielgruppen ansprechen.

Als Beispiel für die Lehrgangsinhalte soll folgende Auflistung dienen:

Inhalte	Zielgruppen		
	Anwender	Techniker	Berater/Lehrer
Schlepper			
Dieselmotor – Aufbau + Arbeitsweise	+	+	++
Kraftstoffanlage	+	+	++
Luftfilter	++	++	++
Schmierung	++	++	++
Kühlung	++	++	++
Wartung	++	++	
Motorenreparatur –			
Diagnose von Störungen	0	++	+
Demontage	0	++	0
Montage	0	++	0
Erfassen von Ergebnissen	0	+	++
Erarbeiten von Unterrichtshilfsmitteln	0	+	++
Schlepperfahrwerk			
Kupplung – Bauarten	0	+	++
Bedienung	++	++	++
Wartung + Pflege	++	++	++
Reparatur	0	+	0
Getriebe – Wartung usw.	++	++	++

Inhalte	Anwender	Zielgruppen Techniker	Berater/Lehrer
Scheibenpflug			
Bauteile	+	+	+
Bauarten	+	+	++
Arbeitsweise	++	++	++
Einstellung	++	++	++
Sicherheits- & Verschleißteile	+	+	++
Pflugtechnik in der Praxis	++	+	++
Wartung	++	++	++
Systemvergleiche (z.B. Streichblechpflug)	0	+	++
Meßübungen (Zugkraft in Abhängigkeit von der Einstellung)	0	+	++
Erfassen der Ergebnisse	0	+	++
Erarbeiten von Unterrichtshilfsmitteln	0	+	++
Sämaschine			
Bauarten	+	+	++
Zuteilsystem	0	+	++
Einstellen etc.	++	++	++ etc.

- Der Bereich Arbeits- und Betriebswirtschaft soll in erster Linie dem Landwirt adäquate und aktualisierte arbeits- und betriebswirtschaftliche Planungsunterlagen bereitstellen. Berater und Entscheidungsträger innerhalb der Landwirtschaft erhalten damit fundierte Informationen, um in Fragen der Mechanisierung Entscheidungen treffen zu können.

11. Projektaktivitäten

Aufgrund der umfangreichen Aufgaben von CENEA verlief die Zusammenarbeit auf mehreren Gebieten der Mechanisierung. Der wohl größte Beitrag erfolgte im Prüfbereich. Um die gesetzlich vorgeschriebenen Pflichtprüfungen für Traktoren und Mähdrescher sowie die freiwilligen Prüfungen von Landmaschinen durchführen zu können, waren und sind eine Fülle von Aktivitäten notwendig:
- Ausbau der Prüfgebäude.
- Aufbau einer neuen Prüfhalle für die Prüfung von Schleppern, Motoren und Hydraulik; z.B. neue Motorenprüfstände, der Bau einer Hubkraftmeßanlage etc.
- Inbetriebnahme einer zweiten Prüfbahn für Schlepperprüfungen und Fahrprüfungen.
- Komplettierung der Meßtechnik durch Zukauf und Eigenbau.

- Bau eines Zugkraftmeßwagens.
- Hilfe bei der Auswahl und Finanzierung der Geräte und Instrumente.
- Unterstützung bei der Neugestaltung und Inbetriebnahme eines Sämaschinenprüfstandes.

Dieser Ausschnitt aus dem Bündel der Maßnahmen zeigt, wie breit gefächert die Unterstützungsmaßnahmen sein mußten, damit das Testen und Prüfen von Landmaschinen mit entsprechender Genauigkeit erfolgen konnte.

Für den Aus- und Fortbildungsbereich sind folgende Aktivitäten neben der bereits gut laufenden Ausbildung von Agrarpiloten geplant und teilweise realisiert:
- Erarbeitung von Ausbildungsprogrammen zu den verschiedenen Bereichen der Agrartechnik, zur Ausbildung von landtechnischen Lehrern und Beratern, im Hinblick auf den Bedarf an Multiplikatoren für landtechnische Kenntnisse. Soweit möglich, sollen die Programme standardisiert werden. Gleichzeitig müssen sie aber auch an unterschiedliche regionale Bedürfnisse anzupassen sein.
- Erarbeitung und Organisation von Kursinhalten zur Aus- und Fortbildung der verschiedenen Zielgruppen (Ausbilder, Berater, Fahrer).
- Einführung der von CENEA entwickelten Unterrichtsmethoden bei anderen, mit ähnlichen Aufgaben betrauten Einrichtungen.

Im betriebs- und arbeitswirtschaftlichen Bereich muß in Zukunft zunächst an der Durchführung folgender Aufgaben gearbeitet werden:
1. Erarbeitung von Methoden
    - zur Abstimmung von Mechanisierungsketten,
    - zur Planung des Einsatzes von Mechanisierungsketten,
    - zur Berechnung der dabei anstehenden Kosten.
2. Erfassung von region- und kulturartspezifischen sowie betriebssystembezogenen Daten und Informationen mit Hilfe der oben genannten Methoden, um eine Mechanisierungsstrategie entwickeln zu können.
3. Aufdecken von Lücken vorhandener Mechanisierungssysteme.

12. Projektergebnisse und Auswirkungen

Für CENEA bedeutet die Zusammenarbeit Verbesserungen auf dem Gebiet des Test- und Prüfwesens, das heißt konkret:
- Baldiger Einsatz des Zugkraftmeßwagens,
- voller Betrieb der neuen Prüfhalle und Prüfung von Schleppern, Motoren und Hydraulik im gesamten Leistungsumfang des brasilianischen Marktes,
- voller Betrieb des neu zu gestaltenden Sämaschinen-Prüfstandes,
- voll funktionsfähige Mähdrescherprüfung,
- voller Ausbau der Anhängerprüfung,
- Einrichtung drei mobiler Meßsysteme für die Feld- und Bahnprüfung,

- Fertigstellung eines EDV-gestützten Systems zur Erfassung und Verarbeitung von Prüfdaten,
- Durchführung von Zugkraftmessung mit angebauten Geräten,
- Fortbildung brasilianischer Fachkräfte im Hinblick auf die Entwicklung weiterer Prüfmethoden nach Bedarf,
- Beantwortung der eingehenden Anfragen,
- regelmäßige Veröffentlichung abgeschlossener Prüfungen,
- Veröffentlichung sonstiger bei Prüfungen gewonnener Erfahrungen,
- eine stärkere Kooperation mit der Landmaschinenindustrie.

Der Aus- und Fortbildung der Mitarbeiter, die sowohl intern wie auch im Ausland erfolgt, steht leider eine hohe Personalfluktuation gegenüber. Fachkompetenz und gutes technisches Management sind aus diesem Grunde bei CENEA nicht voll abgesichert.

13. Zukünftige Aktivitäten

Auch nach Ablauf der Unterstützung von CENEA besteht in sämtlichen Arbeitsbereichen noch ein Bedarf an Konsolidierung und Verbesserung.

Für den Prüfbereich heißt das:

- die Fertigstellung des Zugkraftmeßwagens und dessen Einsatz,
- die Einstellung und Sicherung von qualifiziertem Personal.

Im Ausbildungsbereich müssen bauliche Erweiterungen abgeschlossen werden. Die Aus- und Fortbildung des Lehrpersonals, die Analyse des Bedarfs an Lehrangeboten, die Erarbeitung von Lehrgangsinhalten und Lehrmitteln ist zu forcieren.

Der Bereich der Arbeits- und Betriebswirtschaft benötigt Impulse u.a. auf folgenden Gebieten:

- Gründung eines arbeitsfähigen Teams,
- Bestimmung der Aufgaben und Prioritäten,
- Sammlung und Erfassung von relevanten Daten,
- Austausch und Kooperation mit Institutionen auf nationaler und internationaler Ebene,
- Weitergabe der Ergebnisse an die Zielgruppen (Landwirte und landwirtschaftliche Berater).

14. Zusammenfassung

Die Zusammenarbeit zwischen CENEA und der GTZ war in den letzten Jahren sehr fruchtbar. Insbesondere die Prüfabteilung wurde gestärkt durch den Ausbau der baulichen und technischen Infrastruktur, die Aus- und Fortbildung der Mitarbeiter und den Bau des Zugkraftmesswagens. Somit ist CENEA in der Lage, qualifizierte Schlepper- und Landmaschinenprüfungen nach internationalem Standard durchzuführen und zu verbreiten.

Der Ausbau der anderen Bereiche von CENEA konnte aufgrund des Personal- und Kapitalmangels nur teilweise gelingen. Auch in Zukunft dürfte der Schwerpunkt der Aktivitäten im Prüfbereich liegen, da sich keine gravierenden Änderungen abzeichnen.

Es hat sich gezeigt, daß die Fortschritte im Projekt äußerst stark von der politischen und wirtschaftlichen Situation des Landes abhängen, worauf die Bundesrepublik Deutschland keinen Einfluß hat. Diese Tatsache hätte mehr berücksichtigt werden müssen. Um so stärker wiegt es, daß trotz dieser widrigen Umstände ein doch beachtlicher Beitrag zur sinnvollen Mechanisierung der Landwirtschaft Brasiliens geleistet werden konnte.

Abkürzungen
CENEA   Centro Nacional de Engenharia Agricolá
CENTRI   Centro Nacional de Ensaios e Trainamento Rural de Ipanema
GTZ   Deutsche Gesellschaft für Technische Zusammenarbeit

Literaturverzeichnis
Fischer: Der Fischer Weltalmanach 87. Fischer Taschenbuchverlag Frankfurt, November 1986
GTZ: Projektfortschrittsberichte, Bericht Zugkraftmeßwagen, GTZ/Eschborn 1987
Knichel, W.: Nationales Zentrum für Landtechnik CENEA, Brasilien. Veränderung der Agrarstruktur 1940–80. Mechanisierung der Landwirtschaft 1950–80. Entwicklung der Landmaschinenindustrie in Brasilien 1960–1985. GTZ/Eschborn/Göttingen Oktober 1987
Knichel, W., Krause, R.: Entwicklung, Bau und Verbreitung eines Universal-Ackergerätes (UAG) Multitrac. Marktstudie Brasilien. GTZ/Eschborn September 1986
Konold, F., Otto, F.-K., Rau, W.: Nationales Zentrum für Landtechnik CENEA. Bericht zur Evaluierung der zweiten Projektphase. GTZ/Deula/Eschborn/Darmstadt, Juli 1986
Rilling, K. E., Rau, W., Renfels, H.: Nationales Zentrum für Landtechnik (CENEA) in Brasilien. Bericht zur Evaluierung der ersten Projektphase (1982–83). GTZ/Gopa/Eschborn/Bad Homburg, Oktober 1983
Statistisches Bundesamt: Statistik des Auslandes. Länderbericht Brasiliens 1986. Wiesbaden 1986

Landwirtschaftliche Traktoren aus lokaler Produktion zum Test bei CENEA

In deutsch-brasilianischer Kooperation entwickelter und gefertigter Zugkraft-Meßwagen mit elektronischer Datenerfassung, hier mit schwerem, allradgetriebenem Traktor

Am CENEA getesteter und weiterentwickelter Erdnußlifter

Prüfung von Beregnungseinrichtungen

Länderbericht Portugal

Inhaltsverzeichnis

1. Kurzbeschreibung des Landes
2. Rahmenbedingungen
3. Charakterisierung des Agrarsektors
4. Stand der Mechanisierung der Landwirtschaft
5. Einheimische Landmaschinenindustrie und Importe
6. Institutionelle Infrastruktur
7. Projektansatz
8. Projektträger
9. Projektziel
10. Zielgruppen der Projektzusammenarbeit
11. Projektaktivitäten
12. Projektergebnisse und Auswirkungen
13. Zukünftige Aktivitäten
14. Zusammenfassung
    Abkürzungen
    Literatur- und Quellenverzeichnis
    Fotodokumentation

Projektnummer:	79.2004.4
Land/Region:	Portugal/Europa
Projekttyp:	TZ
Projektträger:	Landwirtschaftsministerium Generaldirektion für Wasserbau und Landtechnik (DGHEA)
Projektlaufzeit:	August 1980 – Dezember 1989
Projektmittel:	ca. 6,8 Millionen
Deutsche Mitarbeiter:	drei Langzeitfachkräfte Kurzzeitexperten

1. Kurzbeschreibung des Landes

Portugal ist eine demokratisch parlamentarische Republik mit einer Gesamtfläche von 92 000 Quadratkilometern. Verwaltungsmäßig ist das Land in zwei autonome Regionen (Inseln) und 18 Distrikte aufgeteilt. Bis auf Macao sind sämtliche ehemaligen Kolonien in die Unabhängigkeit entlassen worden.

Die Bevölkerung von 10,3 Millionen Einwohnern lebt zu 30 Prozent in urbanen Zonen und zu rund 70 Prozent in ländlichen Gemeinden. Die Bevölkerungsdichte (durchschnittlich 110 Einwohner pro Quadratkilometer) schwankt stark. Die Distrikte Lissabon und Porto weisen eine Bevölkerungsdichte von über 600 Einwohnern pro Quadratkilometer auf, während in den Distrikten Beja, Evora, Portalegre und Bragança auf einem Quadratkilometer weniger als 30 Einwohner leben (Abb. 3).

Portugals Festland nimmt rund ein Sechstel der iberischen Halbinseln ein. Das Land beschreibt etwa ein 550 Kilometer langes und 150 Kilometer (max. 215 Kilometer) breites Rechteck im äußersten Südwesten Europas. Zum Staatsgebiet gehören ferner die Inselgruppen der Azoren und Madeira.

Im wesentlichen lassen sich drei Landesteile unterscheiden.

- Nordportugal umfaßt das Gebiet zwischen dem Flußlauf Minho im Norden und dem Douro im Süden. Der stark zerteilte Raum weist im allgemeinen eine Höhenlänge zwischen 400 und 1000 Metern auf.

- Mittelportugal ist teilweise ein Gebirgsland. In der Serra da Estrella und in den Mittelgebirgen Estremaduras bis zum Cabo da Roca setzt sich das Hauptscheidegebirge der iberischen Halbinsel fort. Im Westen Mittelportugals bilden die Flußebenen des Tejo und Sado ein weites Tiefland. Am unteren Tejo erstreckt sich das Tiefland von Ribatejo.

- Südportugal besteht aus dem Hügelland von Alentejo (in der Regel unter 400 m), das im Osten von Guardiana und im Süden vom Algarvischen Gebirge begrenzt ist. Im äußersten Süden steigt die Hochalgarve bis auf 900 Meter an.

Das Klima wird infolge der atlantischen Saumlage stark maritim beeinflußt. Die Klimaunterschiede sind von Norden nach Süden sowie zwischen Küstenregion und Binnenland stark ausgeprägt. Die jährlichen Niederschlagsmengen nehmen von Westen, mit ca. 1500–3000 mm, nach Osten und Süden hin ab. Im Süden sind es gerade noch 400–800 mm. Die Niederschläge fallen fast ausschließlich im Winter und sind damit für die Landwirtschaft sehr ungünstig verteilt.

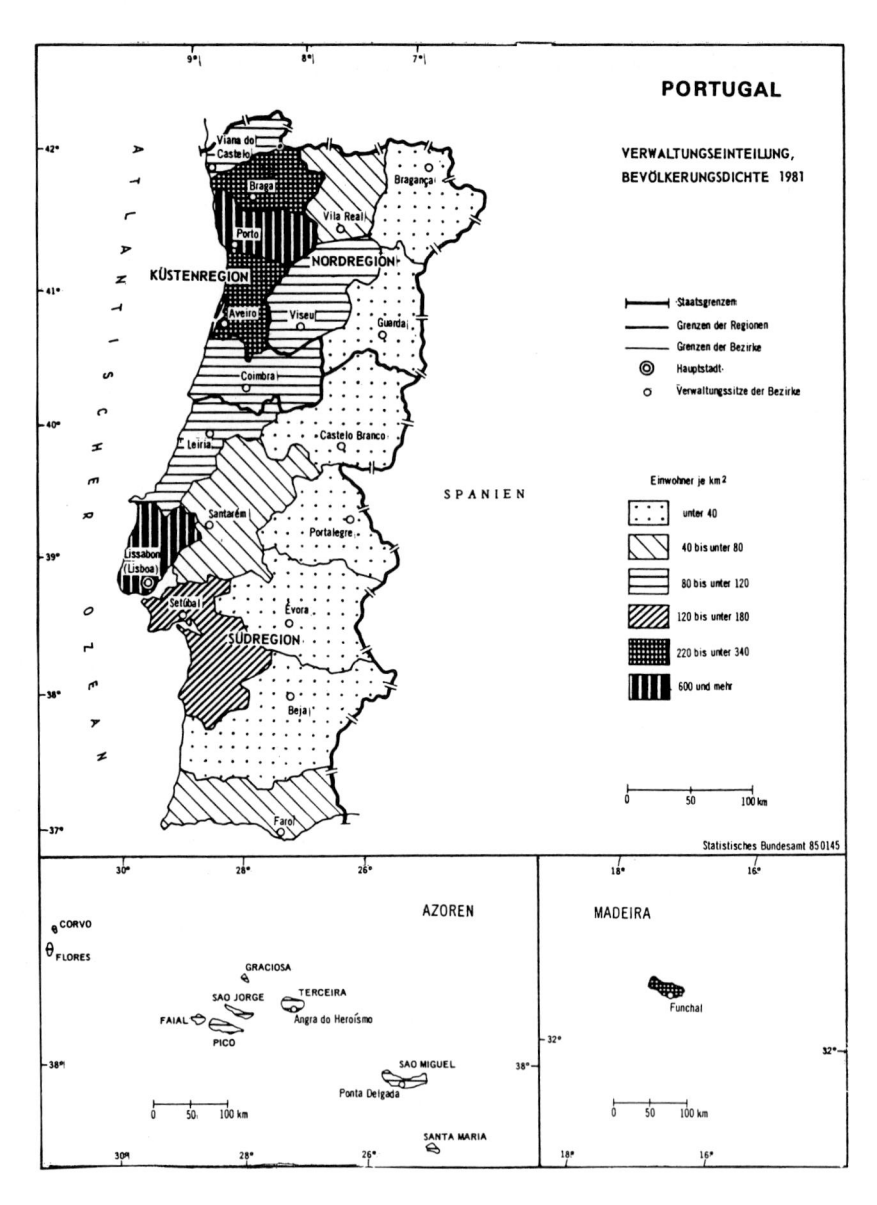

Abb. 3: Portugal, Verwaltungseinteilung, Bevölkerungsdichte
Quelle: Statistisches Bundesamt

2. Rahmenbedingungen

Die politische und wirtschaftliche Situation Portugals ist geprägt von
- einer starken Orientierung auf die ehemaligen portugiesischen Überseegebiete,
- dem Sturz der Diktatur 1974 und einem raschen Wechsel der Regierungen,
- der Besetzung der landwirtschaftlichen Gutshöfe durch Landarbeiter und Verstaatlichung der Großindustrie,
- dem Verlust der Kolonien und dem Rückstrom von über 700 000 Flüchtlingen,
- den Auswirkungen der Energiekrise,
- der weltweiten wirtschaftlichen Rezession,
- dem Beitritt zur EG am 1. Januar 1986.

Diese Faktoren trugen dazu bei, daß Portugal von einer wirtschaftlichen Krise in die andere geriet. Das Ergebnis war:
- eine hohe Inflationsrate, die teilweise über 30 Prozent lag und erst seit 1984 wieder sinkt;
- eine hohe Arbeitslosenrate (ca. 12 Prozent offiziell);
- eine stagnierende landwirtschaftliche Produktion bei steigendem Bedarf an Lebensmitteln;
- eine allgemein herrschende Unsicherheit über die Auswirkungen des EG-Beitritts.

Die wirtschaftlichen Rahmendaten verbessern sich jedoch seit 1984, und der OECD-Bericht aus dem Jahre 1986 zeichnet ein recht positives Bild.

3. Charakterisierung des Agrarsektors

Die portugiesische Landwirtschaft war traditionell gekennzeichnet durch eine geringe Produktivität. Das hat seine Ursachen in
- ungünstigen natürlichen Faktoren (nur etwas über 50 Prozent der Gesamtfläche ist landwirtschaftlich nutzbar);
- einem ineffizienten Gebrauch von landwirtschaftlich nutzbarer Fläche und einem geringen Einsatz von Dünger und Pflanzenschutzmitteln;
- dem oft wenig rationellen Einsatz von Maschinen und Hilfsmitteln;
- einer ungenügenden Infrastruktur, z. B. was Straßen und Elektrizität betrifft;
- einer ungünstigen Besitzstruktur: im Norden und teilweise im Zentrum des Landes sind sehr kleine Produktionseinheiten vorherrschend, wohingegen im Süden große Betriebe, sogenannte Latifundien, das Bild bestimmen;
- einer Agrarreform, die zu Unsicherheiten führte und damit die Investitionsbereitschaft dämpfte.

In Portugal sind noch 23 Prozent der Erwerbstätigen in der Landwirtschaft beschäftigt, jedoch tragen diese nur zu acht Prozent zum Bruttosozialprodukt bei.

Dies unterstreicht die geringere Produktivität im Vergleich zu den übrigen Ländern der EG.

4. Stand der Mechanisierung der Landwirtschaft

Die ungleichen Besitzverhältnisse in der Landwirtschaft brachten eine Mechanisierung hervor, die bei der Handarbeit und der tierischen Anspannung beginnt und ihren Höhepunkt in der motorisierten Vollmechanisierung von Betrieben findet. Das heißt, das ganze Spektrum der Mechanisierung der Landwirtschaft ist anzutreffen.

Eine sinnvolle Mechanisierung läßt sich oft nur schwer realisieren, da vielfach die Voraussetzungen, wie geeignete Feldgrößen, Ausbildung der Bauern und Kenntnisse über Wartung und Handhabung von Maschinen und Geräten, fehlen.

5. Einheimische Landmaschinenindustrie und Importe

Der Bedarf an Landmaschinen wird durch eine breitgefächerte einheimische Produktion und den Import von Traktoren, Mähdreschern, Hochdruckpressen und vielen anderen höherentwickelten Maschinen gedeckt. Im Inland werden hauptsächlich Maschinen für Bodenbearbeitung und Transport, Düngestreuer, Sämaschinen und Pflanzenschutzgeräte sowie einige Maschinen für Sonderkulturen und für spezielle Aufgaben hergestellt. Dabei teilen sich weniger als zehn Hersteller den größten Teil des Marktes. Der Standard der Fertigung bei diesen Herstellern hat bereits ein hohes Niveau erreicht, und die Eigenfertigung ist sehr umfassend. Lediglich Maschinen und Geräte, die einen hohen Aufwand an Forschung und Entwicklung (z.B. Traktoren und Mähdrescher) und einen großen Markt für eine ökonomisch sinnvolle Fertigung erfordern, werden nicht im Lande produziert, die inländischen Hersteller unterhalten daher nur spärlich ausgestattete Konstruktions- und Entwicklungsabteilungen.

Sie leihen sich das Know-how oder importieren gewisse Komponenten wie Kolbenpumpen, pneumatische Säaggregate etc. Genaue Statistiken über den Landmaschinenmarkt (mit Ausnahme von Traktoren) sind nicht vorhanden. Nach den Erfahrungswerten der letzten Jahre kann man von einem Bedarf von 5000–8000 Ein- und Zweiachsenschleppern und 400–600 Mähdreschern pro Jahr ausgehen. Bei den Traktoren ist eine prozentuale Zunahme der Einachsschlepper zu verzeichnen.

6. Institutionelle Infrastruktur

Komponenten einer angepaßten Mechanisierung sind unter anderem:
- geeignete Landmaschinen und Geräte, Wartung und Service;
- die Ausbildung von Landwirten, Mechanikern, Technikern, Ingenieuren und Beratern;
- günstige Einsatzbedingungen;
- die Erfassung relevanter Daten für Anwender und Entscheidungsträger;
- eine adäquate Gesetzgebung für die Landwirtschaft und deren Mechanisierung.

In fast allen Gebieten Portugals werden Anstrengungen unternommen, die vorhandenen Engpässe in den oben genannten Bereichen zu beseitigen. Priorität wird dem Angebot einer qualifizierten Ausbildung im Agrartechniksektor gegeben. Sowohl im universitären als auch im beruflich-technischen Bereich werden Institutionen aufgebaut und entsprechendes Fachpersonal ausgebildet. Damit werden den Bauern und Technikern zukünftig eine ganze Reihe von Möglichkeiten zur Verfügung stehen, umfassende Kenntnisse im Einsatz und in der Pflege von Landmaschinen und Geräten zu erwerben.

7. Projektansatz

Das portugiesische Landwirtschaftsministerium trat 1978 an die Bundesregierung mit der Bitte heran, eine mögliche Zusammenarbeit im Bereich der Landwirtschaft zu prüfen. Eine Gutachtergruppe führte daraufhin eine umfassende Analyse der portugiesischen Wirtschaft und speziell des Agrarsektors durch. Auf der Liste der möglichen Vorhaben stand die Förderung von mehreren landwirtschaftlichen Regionalentwicklungsprojekten im Vordergrund. Als flankierende Maßnahme für die landesweite Entwicklung der Landwirtschaft war die Unterstützung der Landtechnischen Versuchs- und Teststation in Lissabon geplant. Nach weiterführenden Gesprächen im portugiesischen Landwirtschaftsministerium und im Bundesministerium für wirtschaftliche Zusammenarbeit (BMZ) kam es zum Abschluß eines Abkommens über die Förderung des letztgenannten Projektes.

Folgende Aufgaben sollten im einzelnen bearbeitet werden:

- Tests und Untersuchung von Landmaschinen und Geräten im Labor und im praktischen Feldeinsatz;
- Unterstützung der einheimischen Landmaschinenindustrie mit Hilfe der Testergebnisse;
- Auswahl und Erprobung von geeigneten Mechanisierungsformen unter den spezifischen Bedingungen (Kleinstbesitz, Latifundien);
- Aus- und Fortbildung von Fachpersonal für die einzelnen Bereiche;
- Verbreitung der Arbeitsergebnisse.

8. Projektträger

Dem portugiesischen Landwirtschaftsministerium unterstehen mehrere Generaldirektionen, die Direktion für Wasserwirtschaft und Landtechnik ist der Projektträger. Innerhalb dieser Organisation deckt die Direktion für Mechanisierung in der Landwirtschaft (DSMA) den Bereich der Mechanisierung ab (siehe nachfolgendes Organigramm). Sie ist in drei Divisionen unterteilt:
- DEE   Test- und Versuchswesen
- DMN   Ökonomie, Arbeitsorganisation und Normung
- DMV   Maschinen- und Fahrzeugpark

Die Divisionen sind teilweise sektoral untergliedert, so besitzt die DEE fünf Abteilungen für das Prüfwesen und ebenso viele unterstützende und administrative Abteilungen. Für die detaillierte Darstellung der Projektarbeit sind die Abteilungen des Prüfwesens von Interesse:
- Traktoren und Motoren
- Bodenbearbeitungsmaschinen
- Düngerstreuer, Pflanz- und Sämaschinen
- Pflanzenschutzgeräte und Beregnungsanlagen
- Ernte- und Sonderkulturmaschinen

Die Zusammenarbeit mit dem portugiesischen Partner erfolgt hauptsächlich in dem Bereich des Test- und Versuchswesens, in der Arbeitsorganisation sowie teilweise bei der Normung und Reglementierung.

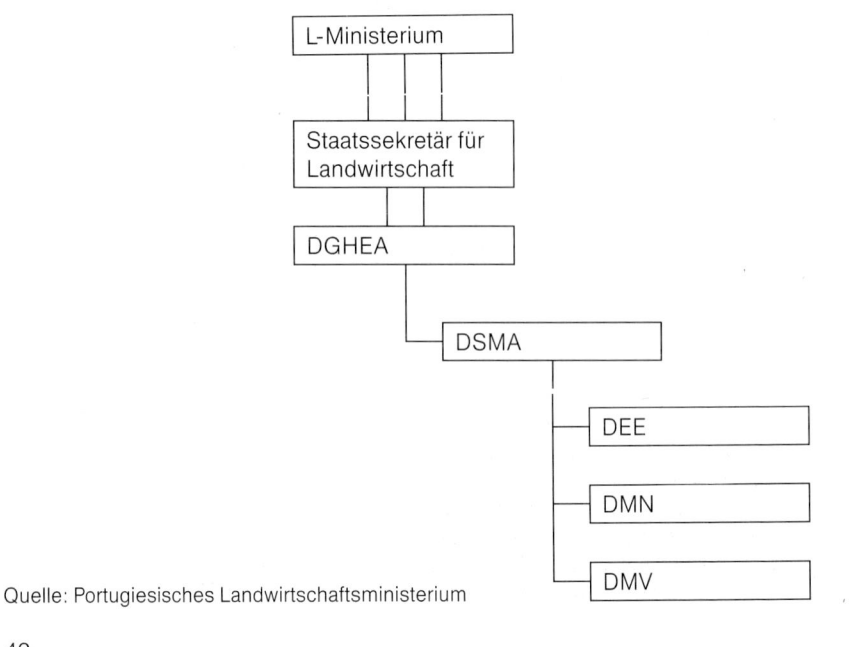

```
        ┌──────────────────┐
        │  L-Ministerium   │
        └────────┬─────────┘
                 │
        ┌────────┴─────────┐
        │ Staatssekretär für│
        │  Landwirtschaft   │
        └────────┬─────────┘
                 │
        ┌────────┴─────────┐
        │      DGHEA       │
        └────────┬─────────┘
                 │
                 └────┬──────────┐
                      │  DSMA    │
                      └────┬─────┘
                           │
                           ├──────┤ DEE │
                           │
                           ├──────┤ DMN │
                           │
                           └──────┤ DMV │
```

Quelle: Portugiesisches Landwirtschaftsministerium

9. Projektziele

Die portugiesische Landwirtschaft leidet an zwei Kernproblemen:

– eine insgesamt niedrige landwirtschaftliche Produktion,
– ein teilweise sehr geringes Einkommen der Landwirte.

Als Oberziele lassen sich daher ableiten:

– die Erhöhung der landwirtschaftlichen Produktion,
– die Erhöhung des Einkommens für Landwirte.

Der Beitrag der Mechanisierung besteht in einem verbesserten ökonomischen und technischen Einsatz von Landmaschinen und Geräten.

Voraussetzungen dafür sind:

– umfassende Kenntnisse der landtechnischen Möglichkeiten und der am Markt verfügbaren Maschinen und Geräte,
– gute Ausbildung und Information von Landwirten,
– akzeptable Flächen und Agrarstrukturen,
– Anpassung von Maschinen und Geräten an die Bedürfnisse,
– maschinengerechter Anbau von Kulturen,
– rationell geplanter Einsatz von Landmaschinen und Geräten.

10. Zielgruppen der Projektzusammenarbeit

Eine Unterteilung der Zielgruppen in primäre oder sekundäre Zielgruppen oder gar keine Zielgruppenhierarchie würde willkürliche Grenzen ziehen. Es ist aus diesem Grunde sinnvoller darzustellen, welche Zielgruppen angesprochen werden.

Der Landwirt als direkter Nutznießer der gesamten Maßnahmen wird über den landwirtschaftlichen Beratungsdienst, die Ausbildungsinstitutionen, die Landmaschinenhersteller und Händler, Öffentlichkeitsarbeit und Aktivitäten auf Messen und Demonstrationen erreicht.

Das Projekt muß also Informationen und Daten für einen unterschiedlichen Bedarf zur Verfügung stellen und unterstützend auf die obengenannten Bereiche einwirken.

11. Projektaktivitäten

DEE – Landmaschinenteststation
Zu Beginn des Vorhabens konzentrierte sich die Zusammenarbeit auf die seit den 30er Jahren existierende Teststation in Lissabon. Die anstehenden Probleme waren:
– mangelnde Ausrüstung und schlechte bauliche Substanz,
– fehlendes Fachpersonal,
– ungenügende organisatorische Voraussetzungen für eine qualifizierte Landmaschinenprüfung.

Im einzelnen bedeutet dies:
– Prüfstände und Meßeinrichtungen mußten installiert werden. Die Meßeinrichtungen mußten größtenteils selbst gebaut werden. Es bestand die Möglichkeit einheimisches Personal zur Mitarbeit anzuregen, womit auch eine Kontinuität nach Auslaufen der Unterstützung sichergestellt wurde. Darüber hinaus war die bauliche Substanz für adäquate Meßtechnik meistens nicht geeignet. Die elektrische Installation in den Gebäuden, Vibrations- und Schalldämpfung mußten verbessert oder ganz erneuert werden.
– Die Arbeit und der Umgang mit den heute hochentwickelten Landmaschinen und Geräten erfordert ein gut ausgebildetes und qualifiziertes Fachpersonal. Für die Landmaschinen-Teststation bedeutet dies, ihr Personal weiterzubilden, zu qualifizieren und aufzustocken. Durch Maßnahmen wie „training on the job" (z.B. gemeinsamer Bau der Meßtechnik, gemeinsame Einstellung von Prüfprogrammen), Fortbildung im Ausland, Erfahrungsaustausch und Kooperation mit anderen Institutionen und nicht zuletzt durch die Zusammenarbeit mit den Beratern aus der Bundesrepublik Deutschland vor Ort wurde dieses Ziel erreicht.
– Gesetzliche und organisatorische Grundlagen waren notwendig, um eine Transparenz und Absicherung der Arbeit der Teststation zu gewährleisten. Zu diesen notwendigen Grundlagen gehören:
  • ein Prüfrahmen, der die individuellen portugiesischen und internationalen Normen wie OECD; ISO, DIN und EG Normen berücksichtigt;
  • eine Prüfordnung, die das Verhältnis der Beteiligten an den Tests regelt;
  • die Gründung eines Mechanisierungsausschusses, der die Interessen der beteiligten Gruppen innerhalb der landwirtschaftlichen Mechanisierung vertritt, koordiniert und repräsentiert;
  • Vereinbarungen über die Kooperation und Koordination mit anderen staatlichen und privaten Institutionen, den Beratungsdiensten, Landmaschinenherstellern, Importeuren und den Institutionen, die in der Forschung und Lehre tätig sind.

DMN – Abteilung für Mechanisierung und Normung
Selbst nachdem diese Grundlagen und Voraussetzungen geschaffen wurden, ist es der Teststation nur in technischer Hinsicht möglich, einen Beitrag zur Errei-

chung der Oberziele zu leisten. Flankierende und komplementäre Maßnahmen sind nötig, z.B. der Einbezug der wirtschaftlichen Komponente. Hier ist die DMN mit ihren Bereichen für Arbeitsorganisation und Betriebswirtschaft zuständig. Als Hauptaktivitäten sind zu nennen:

- die Erfassung und Berechnung von Arbeitszeiten und Maschinenkosten;
- Felderhebungen zur Sammlung von Betriebsdaten;
- Erarbeitung von Mechanisierungsmodellen.

In der Praxis verlangt dies, Landwirtschaftsbetriebe zur Mitarbeit zu gewinnen und auszuwählen, so daß repräsentative und relevante Daten erhoben werden können. Die Auswahl der Betriebe und deren Standort sind ein nicht einfach zu lösendes Problem.

Die Erstellung ökonomischer Vergleichsstudien über den Einsatz von Landmaschinen und Geräten sowie die Zusammenstellung von möglichen Feldarbeitstagen für einzelne Kulturen in den einzelnen Distrikten und Regionen erfordern eine Fülle von Daten und ein geplantes Vorgehen. Methodik der Datenbeschaffung und Analyse sowie deren Einsatz waren wichtige Aufgaben. Die Planungsunterlagen, die dann zur Verfügung stehen, ermöglichen es, Beratern und Landwirten objektive Kriterien für Entscheidungen über die Benutzung und den Einsatz von Landmaschinen und Geräten zu liefern. Sie geben Aufschluß über Fragen wie:
- Ist die Mechanisierung eines Arbeitsvorganges oder eines Betriebes wirtschaftlich?
- Welche technische Lösung ist am zweckmäßigsten?
- Ist der Kauf einer Landmaschine oder eines Gerätes sinnvoll oder soll besser auf ein Lohnunternehmen oder auf gemeinsame Maschinennutzung ausgewichen werden?

Erst die Erfassung der Daten und die Ausarbeitung der Studien ermöglichen es, verschiedene Sektoren umfangreich zu informieren und der staatlichen Verwaltung Entscheidungshilfen zu geben.

Die Aufgaben des Bereiches für Normung und Reglementierung in der DMN lagen in
- der Erstellung von Importlizenzen,
- der Erteilung von Importlizenzen,
- der Erhebung von Abgaben,
- der Abwicklung von Dieselölbeihilfe.

Der Beitritt zur EG und neue Anforderungen führten zur Erweiterung und Abwandlung der Arbeiten. Derzeit werden folgende Aufgaben wahrgenommen:

- Erstellung von Gesetzesvorschlägen für den Bereich Landmaschinenhandel und Unfallverhütung in der Landtechnik;

- Vereinheitlichung der portugiesischen Gesetzgebung mit den EG-Richtlinien;
- Erarbeitung von portugiesischen Normen durch Mitarbeit in der Normengruppe für Landtechnik;
- Aufbereitung und Publikation von Informationen.

DMV – Abteilung für Maschinen und Fahrzeuge
Die Hauptaufgabe dieser Abteilung ist es, die Landwirtschaft mit einem eigenen Maschinenpark bei Meliorationsarbeiten und Infrastrukturmaßnahmen zu unterstützen. Darüber hinaus werden hier die Fahrzeuge der gesamten Generaldirektion verwaltet.

Diese Abteilung ist nur indirekt in die Projektarbeit eingebunden.

Die Aktivitäten aller drei Abteilungen erfordern eine gute Zusammenarbeit und Koordination untereinander. Der Beitrag der Bundesrepublik Deutschland und die Mitarbeit fixierte sich daher nicht nur auf eine Abteilung, vielmehr wird ein integrierter Ansatz verfolgt, der sich auf den gesamten DSMA-Bereich bezieht. Dies ist inhaltlich wie organisatorisch äußerst vorteilhaft und führt bis heute zu guten Ergebnissen.

12. Projektergebnisse und Auswirkungen

Das Projekt hat seit Beginn der Zusammenarbeit im Jahre 1980 einen wichtigen Beitrag zur Steigerung der Produktion und des Einkommens in der Landwirtschaft geleistet. Im einzelnen:
- Die Landmaschinenstation Lissabon ist heute fachlich und technisch in der Lage, qualifizierte Landmaschinenprüfungen durchzuführen.
- Die Resultate der Testaktivitäten haben die Industrie dazu angeregt, ihre Produkte zu verbessern und anzupassen.
- Fachpersonal ist ausgebildet und konnte umfangreich von Weiterbildungsmaßnahmen Gebrauch machen.
- Nationale und internationale Kontakte wurden geknüpft und ausgebaut. Für einen Erfahrungsaustausch sind somit die Voraussetzungen geschaffen.
- Landwirten, Beratern und Entscheidungsträgern kann heute unter technischen und ökonomischen Gesichtspunkten Hilfestellung geboten werden.
- Übergreifende Ausbildungsmaßnahmen in Kooperation mit den Regionaldirektionen tragen dazu bei, eine qualifizierte landtechnische Beratung zu gewährleisten.
- Die Erfassung von Betriebsdaten und Maschinenkosten ermöglichen einen sinnvollen und ökonomischen Einsatz der Landmaschinen.
- Durch die Teilnahme an Messen und Maschinendemonstrationen konnte eine große Breitenwirkung erzielt werden. Zielgruppen sind direkt angesprochen worden.

- Der überbetriebliche Landmaschineneinsatz wurde untersucht. Ein Pilotvorhaben wird begleitet und gefördert. Resultate, die in naher Zukunft zu erwarten sind, werden eine Planungshilfe für das weitere Vorgehen auf diesem Sektor liefern.
- Wichtige Einzelprobleme und -fragen wurden aufgedeckt und können somit bearbeitet werden.

13. Zukünftige Aktivitäten

Obwohl die dargestellten Aktivitäten schon äußerst umfangreich sind, ein weites Spektrum erfassen und multisektoral ausgerichtet sind, ist es notwendig, an noch bestehenden Schwachstellen zu arbeiten. Vorgesehen ist:
- Die Ausrüstung und Kapazität der Landmaschinenstation für Landmaschinenprüfungen weiter auszubauen und zu vervollständigen (u. a. ist ein neues Testzentrum geplant);
- Fachpersonal aufzustocken und weiterzubilden, die Fluktuation zu verringern;
- Testberichte und Arbeitsdaten zu verstärken und zielgruppenspezifisch (Berater, Landmaschinenhersteller und Landwirten) zu publizieren;
- weitere Bereiche innerhalb der landwirtschaftlichen Betriebsstruktur des Landes in die Arbeit einzubeziehen;
- die Abstimmung von Normen und Regelwerken aufzuwerten. Sie wird einen beträchtlichen Teil der Aktivitäten einnehmen;
- die Kooperations- und Ausbildungstätigkeiten zu verstärken.

14. Zusammenfassung

Die Zusammenarbeit zwischen der DSMA und der GTZ auf dem Gebiet der Mechanisierung konnte der portugiesischen Landwirtschaft positive Impulse geben. Auch in Zukunft wird sie einen wichtigen Beitrag zum technischen und ökonomischen Einsatz von Landmaschinen und Geräten leisten, um die Produktion und das Einkommen der Landwirte zu steigern.

Je mehr flankierende und komplementäre Maßnahmen innerhalb der Landwirtschaft vorangetrieben werden, desto wirksamer werden die Aktivitäten des Projektes sein. Das heißt, auch der Erfolg dieses Projektes ist stark von äußeren Einflüssen abhängig, die in Portugal jedoch derzeit als positiv betrachtet werden können.

Abkürzungen
DEE: Landmaschinen- und Versuchsstation
DGHEA: Generaldirektion für Wasserwirtschaft und Landtechnik
DMN: Abteilung für Mechanisierung und Normung
DMV: Abteilung für Maschinen und Fahrzeuge
DSMA: Direktion für Mechanisierung der Landwirtschaft

Quellenverzeichnis
Bundesstelle für Außenhandelsinformationen: Kurzmerkblatt Portugal, Köln, Neufassung 1987
DGHEA: Veröffentlichungen, Statistiken, Testberichte, Organigramme, Planungsunterlagen, Lissabon 1987
epi: Länderspiegel Portugal, Saarbrücken, 1/1985
Große-Rüschekamp, A., Meincke, A.: Evaluierungsgutachten über das Vorhaben Förderung der Mechanisierung der Landwirtschafts-Landmaschinenstation Lissabon, Eschborn 1985
GTZ: GTZ Projektdarstellung Eschborn 6/1987, Lissabon/Eschborn. Projektfortschrittsberichte 81/87. Zielorientiertes Projektplanungs-Seminar Lissabon, Eschborn 1985
Holbe, F. G.: Rationale Landtechnik, unveröffentlicher Bericht, Lissabon 3/1987
OECD: Portugal, Economic Review 1984, Portugal, Economic Review 1986, Paris 1984/86
Reisch, E., Schilling, E., Schnuer, G.: Gutachten über das TZ-Projekt Förderung der Mechanisierung der Landwirtschaft in Portugal, Eschborn 1979
Statistisches Bundesamt: Länderbericht Portugal 1985, Wiesbaden 1985
Steinmann, K. H.: Eigenerhebungen, Interviews in Portugal. Bonndorf/Eschborn 1982/87

Feldprüfung einer Scheibenegge (Foto: F. G. Holbe)

Einachsschleppertest (Foto: F. G. Holbe)

Landmaschinenausstellung Santarem 87
Lokale Hersteller (Foto: GTZ/K.-H. Steinmann)

Bindemäher für Getreide
im Einsatz (Foto: GTZ/K.-H. Steinmann)

Länderbericht Sri Lanka

Inhaltsverzeichnis

1. Kurzbeschreibung des Landes
2. Rahmenbedingungen
3. Charakterisierung des Agrarsektors
4. Stand der Mechanisierung der Landwirtschaft
5. Einheimische Landmaschinenindustrie und Importe
6. Institutionelle Infrastruktur
7. Projektansatz
8. Projektträger
9. Projektziel
10. Zielgruppen der Projektzusammenarbeit
11. Projektaktivitäten
12. Projektergebnisse und Auswirkungen
13. Zukünftige Aktivitäten
14. Zusammenfassung
    Abkürzungen
    Literatur- und Quellenverzeichnis
    Fotodokumentation

Projektnummer:	80.2121.4-09.100
Land/Region:	Sri Lanka/Südostasien
Projekttyp:	TZ
Projektträger:	Landwirtschaftsministerium
	Department für Landwirtschaft (D.A.)
Projektlaufzeit:	Mai 1982 – Juli 1989
Projektmittel:	6,4 Millionen
Deutsche Mitarbeiter:	drei Langzeitfachkräfte
	Kurzzeitexperten

1. Kurzbeschreibung des Landes

Sri Lanka blickt auf eine sehr reiche und wechselhafte Geschichte zurück, die in den letzten Jahrhunderten von verschiedenen Kolonialmächten geprägt wurde. Die Unabhängigkeit von der letzten Kolonialmacht (Großbritannien) wurde 1948 erreicht. Das Land nennt sich heute: Demokratische Sozialistische Republik Sri Lanka. Die Staats- und Regierungsform ist ein Präsidialsystem.

Verwaltungsmäßig ist Sri Lanka in neun Provinzen und 24 Distrikte aufgeteilt.

Das Staatsgebiet umfaßt eine Gesamtfläche von 65000 Quadratkilometern. Das Inselland liegt im Indischen Ozean vor der Südostspitze Indiens und ist vom Festland durch den Golf von Mannar und die Palkstraße getrennt. Die größte Nord-Süd-Erstreckung beträgt etwa 400 Kilometer, die breiteste Stelle mißt 240 Kilometer. Das verhältnismäßig kleine Land ist landschaftlich reich gegliedert. Drei größere Naturräume sind zu unterscheiden:
- die feuchten Tiefebenen an der Südwestküste (Hauptsiedlungs- und Wirtschaftsgebiet),
- die Gebirgsregion im Innern der Südhälfte mit Hochflächen und Bergen über 2000 Meter und
- das trockene Tiefland (etwa zwei Drittel der Insel) an der Ost- und Südostküste, der Jaffna-Halbinsel und dem nördlichen Teil.

Sri Lanka liegt in der nordäquatorialen Tropenzone. Es hat tropisches Regenklima mit hohen Temperaturen, großer Luftfeuchtigkeit und jahreszeitlich veränderliche Niederschläge.

Das innertropische Äquatorialklima wird durch Höhenunterschiede und Richtung der Monsune (Dezember–Februar Nordostmonsun, Mai–September Südwestmonsun) bestimmt. Die höchsten Niederschläge fallen im Westen und Südwesten (bis zu 5000 mm im Jahr) und sind am geringsten im Tiefland im Südosten und Nordwesten, wo sie unter 1000 mm liegen können. Für die Landwirtschaft sind die Monsunregen von entscheidender Bedeutung.

Die Bevölkerung, die sich hauptsächlich aus Singhalesen, Tamilen, Moors (Moslems) und Burghers (Nachkommen der ersten Kolonialisten aus Portugal und Holland) zusammensetzt, konzentriert sich auf den Südwesten. Auf knapp einem Fünftel der Landesfläche leben die Hälfte der rund 16 Millionen Einwohner des Landes. In den Trockengebieten leben etwa 20 Prozent der Gesamtbevölkerung, obwohl diese Gebiete fast ⅔ der Landesfläche ausmachen. Die Bevölkerungsdichte erreicht in den Distrikten von Colombo, Gampaha, Matara, Kandy und Jaffna Werte von 500–300 pro Quadratkilometer. Die Distrikte Vavuniya, Mallaitivu, Mannar und Moneragala sind dagegen äußerst dünn besiedelt (unter 50 Einwohner pro Quadratkilometer). Nach wie vor leben 75 Prozent der Bevölkerung im ländlichen Raum.

2. Rahmenbedingungen

Von 1948 bis 1977 lösten sich politisch und wirtschaftlich unterschiedlich orientierte Regierungen ab. Die jetzige Regierung betreibt seit 1977 eine offene, liberale Wirtschaftspolitik, trotzdem sind noch in vielen Wirtschaftsbereichen staatliche Unternehmen und Institutionen bestimmend. Insbesondere im Agrarsektor sind beispielsweise große Teile der Produktion (hauptsächlich Plantagenprodukte für den Export) noch staatlich verwaltet. Das Kolonialerbe einer exportorientierten Plantagenwirtschaft macht es schwierig, schnell zu diversifizieren und Nahrungsmittelimporte zu substituieren. Die Wirtschaft des Landes ist agrarisch ausgerichtet.

Die Verjüngung und das Wachstum der Bevölkerung erfordern jährlich neue Arbeitsplätze und die dazu notwendige Infrastruktur. Kernprobleme Sri Lankas sind heute:
- eine wachsende Bevölkerung zu ernähren;
- Arbeitsplätze zu schaffen, etwa 14 Prozent der erwerbsfähigen Bevölkerung sind arbeitslos, noch höher liegt der Anteil der Unterschäftigten;
- Exporte zu diversifizieren und neue Märkte zu erschließen;
- die verhältnismäßig hohe Inflation (10–20 Prozent) zu verringern.

Starke Auswirkungen auf die wirtschaftliche Entwicklung haben innerpolitische Auseinandersetzungen, die in den letzten Jahren verstärkt zutage getreten sind. Trotz dieser widrigen Umstände konnte ein relativ hohes Wirtschaftswachstum erzielt werden. Wichtige Anstöße dürfte dieses Wachstum von den großen staatlichen Entwicklungsprojekten wie Mahaweli, National Housing, Infrastrukturmaßnahmen etc. erhalten haben.

3. Charakterisierung des Agrarsektors

Die Agrarproduktion Sri Lankas kann in zwei Bereiche eingeteilt werden:
- eine exportorientierte Plantagenwirtschaft
- die Nahrungsmittelproduktion.

Eine herausragende Rolle nimmt dabei die Plantagenwirtschaft ein. Flächenmäßig nehmen Dauerkulturen ungefähr die Hälfte der landwirtschaftlich genutzten Gebiete in Anspruch. In den letzten Jahren sind bis auf die Ausweitung der Flächen durch das Mahaweli Bewässerungsprojekt keine markanten Änderungen eingetreten. Die neu hinzugekommenen Flächen werden fast ausschließlich für die Reisproduktion genutzt. Die Exportkulturen bestimmen weiterhin die Wirtschaft, da sie die notwendigen Devisen (ca. 50 Prozent) für Importe, auch Nahrungsmittelimporte, generieren. Dies mag erklären, warum lange Zeit eine Politik verfolgt wurde, die die Forcierung der Exportkulturen im Auge hatte. Erst in den letzten Jahren kam es zu einer verstärkten Ausrichtung auf die Substitution von Grundnahrungsmittelimporten. Trotz dieser Anstrengungen ist der Selbstversor-

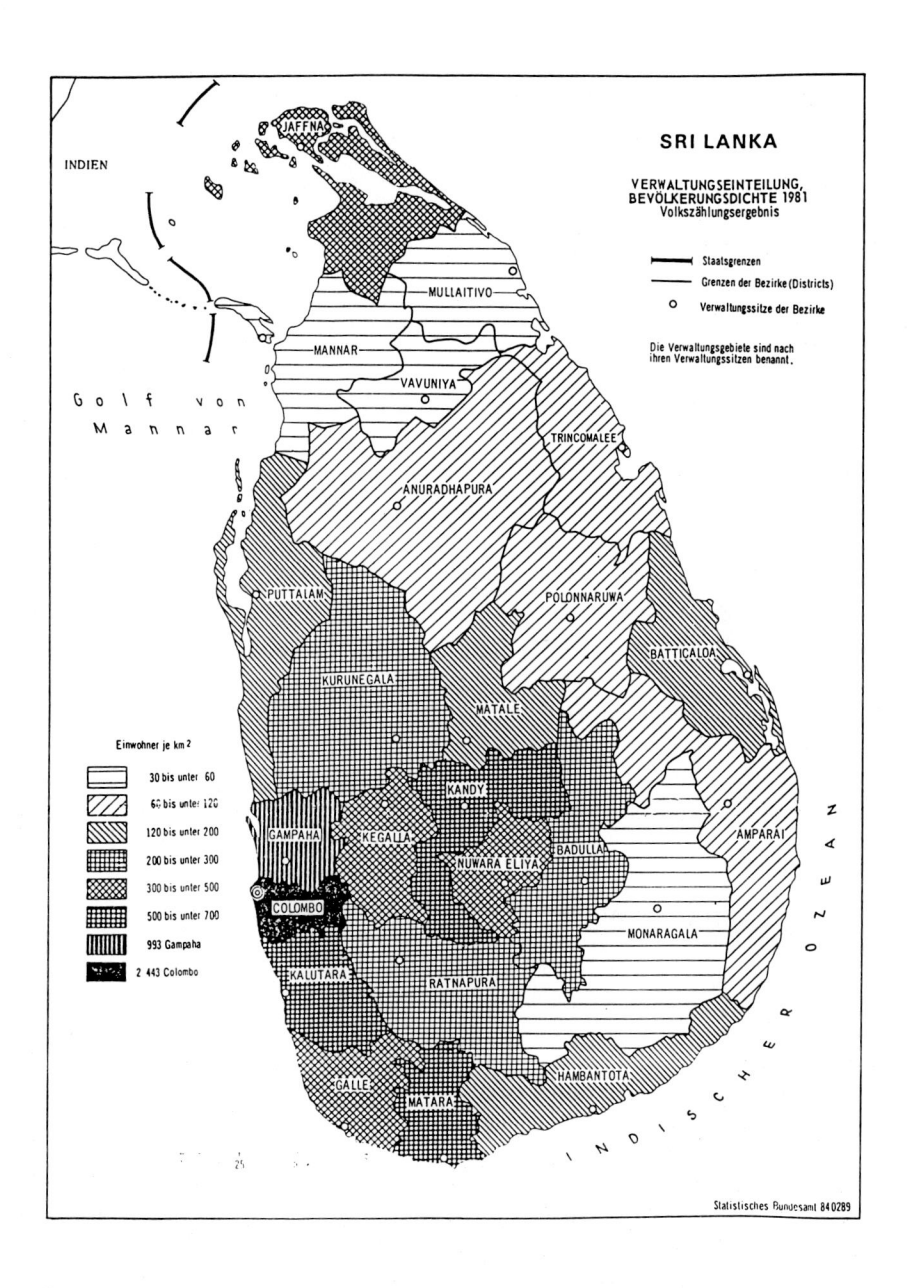

Abb. 4: Sri Lanka, Verwaltungsdistrikte und Bevölkerungsdichte
Quelle: Statistisches Bundesamt 1984

55

gungsgrad bei einer großen Palette von Nahrungsmitteln nicht erreicht, z.B. Reis, Zucker, Milchprodukte. Weitere Ursachen für die ungenügende Produktion von Nahrungsmitteln sind zu finden in:

- einer ungünstigen Agrarstruktur, die gekennzeichnet ist durch eine große Anzahl von Betrieben mit kleinen Parzellengrößen. Es gibt ungefähr 1,8 Millionen landwirtschaftliche Betriebe, mit einer Durchschnittsgröße von etwa 0,8 Hektar.
- Schwierigkeiten bei der Vermarktung sowohl von staatlicher als auch privater Seite. Abhängigkeiten von Geldverleihern, unzureichende Kreditmöglichkeiten, unsichere und geringe Preise beim Verkauf von Produkten tragen nicht dazu bei, die Produktion zu erweitern und zu verbessern.
- einer schwach ausgeprägten Infrastruktur in vielen ländlichen Gebieten. Verarbeitung, Transport, Kauf von Inputs können in vielen Gebieten nur eingeschränkt durchgeführt werden.
- einer fehlenden fachlichen Ausbildung der Bauern. In geringem Umfang werden Ausbildungsprogramme durchgeführt, die jedoch nur einen verschwindend kleinen Teil der Bauern erreichen. Als positiv hervorzuheben ist die relativ hohe Anzahl an Bauern, die lesen und schreiben können, dadurch wären breitangelegte Ausbildungsmaßnahmen durchaus möglich.
- einer klaren mittel- und langfristig ausgerichteten Agrarpolitik.
- erschwerenden natürlichen Faktoren wie großen Trockengebieten, Verteilung der Regenmengen auf wenige Monate und zu wenig Wasser für die Bewässerung.

4. Stand der Mechanisierung der Landwirtschaft

Die große Anzahl der landwirtschaftlichen Betriebe mit geringer Betriebsgröße und der große Anteil von Beschäftigten in der Landwirtschaft sind die ausschlaggebenden Gründe, daß ein großer Teil der Arbeiten von Hand durchgeführt werden. Je nach Besitzverhältnissen und Lage der Betriebe nimmt die tierische Anspannung eine nicht unbedeutende Rolle ein. Die Traktor-Motor-Mechanisierung ist in viele Bereiche vorgedrungen, einzelne Operationen weisen bereits einen hohen Prozentsatz an Motormechanisierung auf, z.B. Bodenbearbeitung, Transport, Dreschen. Die Besitzer von Traktoren und anderen Geräten übernehmen teilweise auch Lohnarbeiten.

Bei einer Gesamtzahl von ungefähr 20.000 Zweiradtraktoren und etwas über 10.000 Vierradtraktoren wird ersichtlich, daß nur wenige Betriebe im Besitz von Traktoren sind.

Diese Art der Mechanisierung wäre auch für den größten Teil der Betriebe gar nicht angepaßt und liegt außerhalb der finanziellen Möglichkeiten. Bis auf wenige Ausnahmen existieren keine Landmaschinen und Geräte, die auf die Anforderungen der Landwirtschaft in Sri Lanka zugeschnitten sind.

5. Einheimische Landmaschinenindustrie und Importe

Die Mechanisierung der Landwirtschaft umfaßt eine Anzahl von Bereichen. Um Mißverständnissen vorzubeugen, muß darauf hingewiesen werden, daß hier in erster Linie die Mechanisierung der Grundnahrungsmittelproduktion dargestellt wird.

In Sri Lanka existieren heute sechs größere Hersteller von Landmaschinen und Geräten. Hergestellt werden unter anderem:
– Wasserpumpen,
– Anhänger für den Transport,
– Rückenspritzen,
– transportable Axialdrescher,
– Kleingeräte und Zubehör (Gitterräder für Ackerschlepper, Pflüge für tierische Anspannung etc.).

Eine größere Anzahl von Handwerksbetrieben stellt Kleingeräte und auch Axialdrescher her, die häufig Kopien von bereits vorhandenen Geräten sind.

Traktoren werden ausschließlich importiert. Die Einfuhren schwanken stark und reflektieren die wirtschaftliche Situation der Bauern und des Landes. Die durchschnittlichen Importzahlen liegen etwa bei 1500–2000 Einachsschleppern und 400–600 Standardschleppern. Die Angebotspalette beschränkt sich auf zwei oder drei Hersteller bei den Vierradschleppern und etwa vier bis sechs bei den Einachsern. Bei den Einachsschleppern waren bis 1985 fast ausschließlich japanische Produkte präsent, seit 1985 drängen jedoch verstärkt koreanische und chinesische Fabrikate auf den Markt. Die Ursache dieses Wandels liegt in den Preisen und Wechselkursveränderungen.

Die Importzölle auf landwirtschaftliche Maschinen sind gering (fünf Prozent); allerdings können die dafür benötigten Ersatz- oder Bauteile mit Tarifen bis zu 45 Prozent belegt werden. Indirekt ist damit die einheimische Produktion oder Montage benachteiligt.

Aus Sri Lanka werden Wasserpumpen und in neuester Zeit auch Rückenspritzen exportiert, wenngleich die Exporte nur Bruchteile des Importvolumens ausmachen.

6. Institutionelle Infrastruktur

Bereits in den ersten Jahren nach der Unabhängigkeit wurden Entscheidungen getroffen, die eine verstärkte Mechanisierung der Landwirtschaft vorsahen. Die Mechanisierung verlief damals bis weit in die 70er Jahre hinein nach dem Vorbild

der Industrienationen. Zur Unterstützung dieser Art der Mechanisierung wurden Institutionen und Abteilungen erweitert und neu gegründet. Dazu gehören:
- FMRC, Landmaschinenversuchs- und Teststation, Maha Illuppallama
- Landmaschinenproduktionsfabrik Welisera
- Zentralreparaturwerkstätten
- Traktorenverleihstationen
- FMTC, Ausbildungszentrum für Mechanisierung, Anuradhapura
- Fakultät für Agrartechnik an der Universität in Peradeniya.

Weitere Ministerien, Verbände und Organisationen waren an diesem Prozeß beteiligt. Die Ausrichtung auf die Traktorenmechanisierung führte dazu, daß heute viele dieser Institutionen und deren Aktivitäten nicht mehr den Bedürfnissen entsprechen. Deshalb wurden sie zum Teil wieder aufgelöst oder aber befinden sich in einem Umstrukturierungsprozeß, wie z.B. die Zentralwerkstätten, Traktorverleihstationen.

Die Mechanisierung der Landwirtschaft wird heute wesentlich vom FMRC und von der freien Wirtschaft beeinflußt.

Eine detaillierte, langfristige Mechanisierungspolitik liegt bis zum heutigen Zeitpunkt nicht vor.

7. Projektansatz

Die Bundesrepublik Deutschland förderte in Sri Lanka das landtechnische Ausbildungszentrum in Anuradhapura (FMTC) bis Ende der 70er Jahre. Bereits 1978 bat die Regierung des Landes, die Zusammenarbeit auf dem Gebiet der Landtechnik auszubauen und unterbreitete mehrere Vorschläge:
- FMRC, Versuchs- und Teststation;
- LM-Fabrik Welisera;
- Fakultät für Landtechnik Peradeniya;
- Division Landtechnik im Department für Landwirtschaft.

Das Gutachterteam, das die Projektstudien erstellte und intensive Gespräche mit kompetenten Institutionen und Partnern in Sri Lanka führte, arbeitete dann eine Empfehlung aus, in der der Ausbau des Versuchs- und Testzentrums in Maha Illuppallama besonders hervorgehoben wurde. Diese Empfehlung wurde von folgenden Überlegungen getragen:
- „Die Regierung Sri Lankas räumt der Entwicklung der Landwirtschaft eine hohe Priorität ein, um die Nahrungsmittelproduktion zu steigern und so die menschliche Versorgung sicherzustellen. Dies erfordert einen richtigen Einsatz sowie richtige Pflege und Wartung der bereits vorhandenen Landmaschinen und Geräte.
- Durch die Unterstützung des FMRC bei der Auswahl, Vorführung und Verbreitung von angepaßten Landmaschinen und Geräten anhand von Testergebnissen kann die Mechanisierungseffizienz gesteigert werden."

FARM MECHANIZATION RESEARCH CENTRE (FMRC)

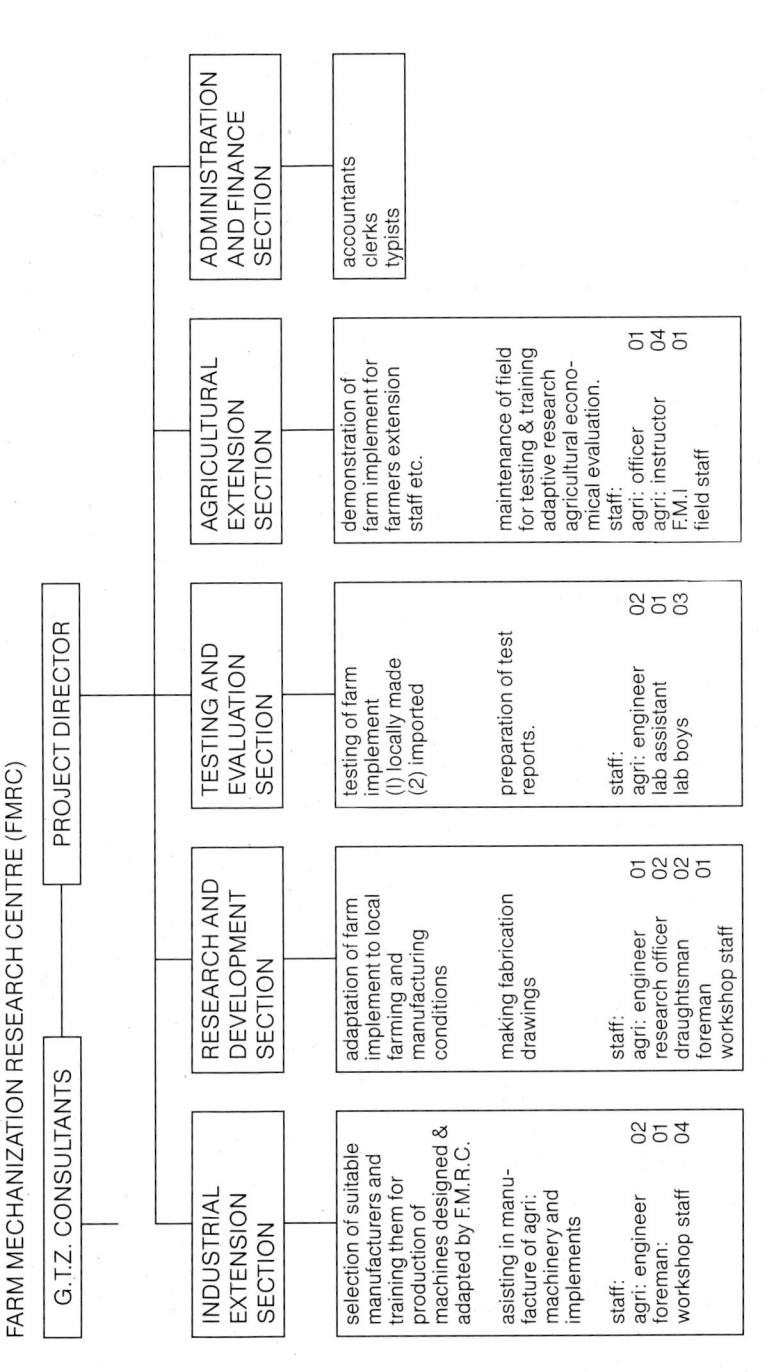

```
G.T.Z. CONSULTANTS ── PROJECT DIRECTOR
                           │
   ┌───────────────┬───────┼────────────────┬──────────────────┐
INDUSTRIAL      RESEARCH AND   TESTING AND    AGRICULTURAL    ADMINISTRATION
EXTENSION       DEVELOPMENT    EVALUATION     EXTENSION       AND FINANCE
SECTION         SECTION        SECTION        SECTION         SECTION
```

INDUSTRIAL EXTENSION SECTION
- selection of suitable manufacturers and training them for production of machines designed & adapted by F.M.R.C.
- asisting in manufacture of agri. machinery and implements

staff:
agri: engineer   02
foreman: 01
workshop staff   04

RESEARCH AND DEVELOPMENT SECTION
- adaptation of farm implement to local farming and manufacturing conditions
- making fabrication drawings

staff:
agri: engineer   01
research officer   02
draughtsman   02
foreman   01
workshop staff

TESTING AND EVALUATION SECTION
- testing of farm implement (1) locally made (2) imported
- preparation of test reports.

staff:
agri: engineer   02
lab assistant   01
lab boys   03

AGRICULTURAL EXTENSION SECTION
- demonstration of farm implement for farmers extension staff etc.
- maintenance of field for testing & training adaptive research agricultural economical evaluation.

staff:
agri: officer   01
agri: instructor   04
F.M.I   01
field staff

ADMINISTRATION AND FINANCE SECTION
- accountants
- clerks
- typists

Abb. 5: Verwaltungsstruktur des FMRC
Quelle: FMRC, Maha Illuppallama, Sri-Lanka, 1987

8. Projektträger

Das Ministerium für landwirtschaftliche Forschung und Entwicklung verfügt über mehrere Hauptabteilungen, von denen die Abteilung für Landwirtschaft (Department of Agriculture, D.A.) die bedeutendste ist. Das Department bestand bereits in der Zeit der Kolonialverwaltung vor 75 Jahren. 1952 wurde in diesem Department die Agricultural Engineering Division gegründet. Im Jahre 1968 entstand das FMRC in Maha Illuppallama, die Mitarbeit der Bundesrepublik Deutschland im FMRC begann 1982. Seit 1986 ist diese Versuchs- und Teststation aus der Agricultural Engineering Division herausgelöst und dem Direktor des Departments direkt unterstellt. Das FMRC in seiner heutigen Struktur ist in fünf Abteilungen gegliedert (Abb. 5):
- Konstruktions- und Entwicklungsabteilung,
- Testabteilung,
- Abteilung für landwirtschaftliche Beratung,
- Abteilung für Industrieberatung,
- Administration und Serviceabteilung.

9. Projektziele

Mit der gemeinsamen Förderung des Landtechnischen Zentrums Maha Illuppallama (FMRC) verfolgen die Bundesrepublik Deutschland und die Demokratische Sozialistische Republik Sri Lanka das Ziel, eine wirtschaftlich, technisch und sozial angepaßte und umfassende Mechanisierung der Landwirtschaft in Sri Lanka zu erreichen.

Unter dieser Voraussetzung soll das FMRC folgende Aufgaben wahrnehmen:
a) Identifizierung von Engpässen und Problemen der Mechanisierung in verschiedenen Regionen und landwirtschaftlichen Arbeitsbereichen;
b) Erarbeitung von Kriterien zur Beurteilung der Eignung von landtechnischen Geräten und Schleppern für den jeweiligen Standort;
c) Auswahl und Prüfung sowie praxisnahe Erprobung von landtechnischen Geräten und Schleppern im Hinblick auf Konstruktion, Funktion, betriebsorganisatorische Einordnung, ökonomische und soziale Auswirkungen;
d) Verbreitung der Ergebnisse durch Vorführungen, Vorträge, Seminare, Kurzkurse, Ausstellungen, Veröffentlichungen und Maschinentestberichte;
e) Beratung der srilankischen Landmaschinenindustrie bei der Auswahl, Herstellung und Verbreitung von landwirtschaftlichen Maschinen und Geräten;
f) Erarbeitung und flexible Weiterentwicklung einer Strategie zur Mechanisierung der Landwirtschaft als Entscheidungshilfe für staatliche Förderungsmaßnahmen;
g) Mitwirkung an der landtechnischen Ausbildung in Sri Lanka durch praxisbezogene Kurse und Übungen sowie durch enge fachliche Zusammenarbeit mit dem landtechnischen Beratungs-/Ausbildungszentrum in Anuradhapura (FMTC);

h) Beratung der Regierung in allen Fragen der Mechanisierung der srilankischen Landwirtschaft;
i) Kontaktpflege zu nationalen und internationalen Institutionen.

Bei der Formulierung der Aufgaben hielt man sich an die Empfehlungen des Prüfungsgutachtens.

10. Zielgruppen der Projektzusammenarbeit

Der Umfang der Aufgaben, die dem FMRC zugeordnet wurden, und die daraus resultierenden Aktivitäten sprechen verschiedene Zielgruppen an. Eine herausragende Rolle nehmen die drei folgenden Zielgruppen ein:
– Bauern: Durch das Angebot von Landmaschinen und Geräten, die ihren Bedürfnissen entsprechen, sind sie direkte Nutznießer der Maßnahmen.
– Landmaschinenhersteller: Ein weitgefächertes Förderungspaket ist für sie – unabhängig von der Betriebsgröße – vorhanden.
– Berater: Sie werden als Bindeglied zwischen Versuchs- und Teststation und den Bauern eingesetzt.

Neben diesen Hauptgruppen wird eine Anzahl weiterer Zielgruppen angesprochen, die in Institutionen und Organisationen direkt oder indirekt von der Mechanisierung betroffen sind oder diesen Prozeß teilweise mitbestimmen (z.B. verschiedene Ministerien). Durch landesweit ausgestrahlte Fernsehsendungen, durch Zeitungsreportagen, Präsens auf Ausstellung etc. fand das Projekt auch bei der allgemeinen Bevölkerung Sri Lankas Beachtung.

11. Projektaktivitäten

Obwohl das FMRC seit 1968 besteht, ist es erst in den letzten Jahren gelungen, einen bedeutenden Beitrag zur Mechanisierung der Landwirtschaft zu leisten. Die Ursache für die geringe Ausstrahlung des FMRC bis in die frühen 80er Jahre liegt wohl in der damals verfolgten Strategie. Es wurde versucht, das Rad noch einmal zu erfinden. Die Bedürfnisse und Möglichkeiten der Bauern wurden nicht genügend berücksichtigt.

Zwar haben sich die bereits erwähnten Aufgaben seit dieser Zeit nur geringfügig geändert, jedoch sind die heutige Vorgehensweise und die damit verbundenen Aktivitäten vom früheren Konzept abgewichen.

Seit 1984 werden die Prioritäten der Mechanisierung auf der Grundlage einer Untersuchung und Fragebogenaktion, bei der die Bauern und landwirtschaftlichen Berater einbezogen sind, definiert. Ein weiterer Aspekt der neuen Vorgehensweise ist darin zu sehen, daß nicht mehr die Maschine oder das Gerät für einen Arbeitsschritt in den Vordergrund gestellt wird, sondern die zu mechanisierende Operation (z.B. Verpflanzen, Bodenbearbeitung, Aussaat etc.). Sollte eine Maschine oder ein Gerät nicht den Bedürfnissen entsprechen, so können mittels einer Operationsanalyse frühzeitig Alternativen erarbeitet werden. 1982 versuchte man zum Beispiel den „IRRI-Reaper", Schwadmähgerät, einzuführen. Das Festhalten an diesem Gerät brachte eine Verzögerung von drei Jahren. Hätte man sich die Operation Schwadmähen zur Aufgabe gestellt, wäre man auf Alternativen gestoßen, z.B. daß der Anbau der Geräte an bereits vorhandene Zweiradtraktoren vorteilhafter gewesen wäre. Erst 1985 wurde dieser Schritt vollzogen und heute wird bereits ein Schwadmähgerät zum Anbau an die bestehenden Zweiradtraktoren angeboten. Das bedeutet Lösungen anzubieten, ist nur sinnvoll, wenn es an einem artikulierten Bedürfnis der Bauern ansetzt. Einfach „in den blauen Himmel hinein" zu konstruieren, wird allenfalls die Museen der Welt mit weiteren Stücken bereichern, nicht aber die Arbeit der Bauern erleichtern. Die Aktivitäten des FMRC und seiner einzelnen Abteilungen lassen sich ausführlicher und systematischer am Beispiel eines bestimmten Gerätes darstellen. Konkret soll die Reisverpflanz-Maschine (Rice-Transplanter) betrachtet werden. Ausgangsbasis war auch hier die bereits erwähnte Untersuchung. Das Schaubild sechs stellt die einzelnen Schritte von der Problemstellung bis zu den erwarteten Ergebnissen detailliert dar.

Selbstverständlich ist das Verpflanzen von Reis nicht die einzige Operation, an der zur Zeit gearbeitet wird. Weitere Schwerpunkte sind das Schwadmähen, das Säen, das Dreschen und die mechanische Unkrautbekämpfung. Im einzelnen bedeutet dies:

– Es muß nach geeigneten Maschinen und Geräten speziell im übrigen asiatischen Raum, wo ähnliche Bedingungen existieren, gesucht werden. So hat das FMRC mehrere Geräte aus den Philippinen, Pakistan, China und einzelne Komponenten aus Industrieländern importiert.
– Die Konstruktions- und Versuchsabteilung adaptiert und modifiziert in Zusammenarbeit mit der Werkstätte die Geräte für die lokalen Bedingungen (da z.B. manche Materialien nicht erhältlich sind oder andere Getreidearten unterschiedliche Abmessungen erfordern). Die ersten Prototypen werden für Versuchszwecke hergestellt.
– Von der Seite der Abteilung für das Testen von Landmaschinen und der Beratungsabteilungen werden die neuen Geräte und Prototypen rigorosen Tests und Versuchen unterzogen. Erst wenn nach den Tests und Versuchen positive Ergebnisse festgestellt werden können, wird eine Verbreitung in Betracht gezogen.
– Erst größere Versuche werden geplant und durchgeführt. Die Geräte und Maschinen werden auf den FMRC-eigenen Feldern getestet und die Ergebnisse ausgewertet. Auch erste externe Versuche bei Bauern tragen dazu bei, realistische Versuchsbedingungen herzustellen und somit reale Ergebnisse zu erzielen.

- Die landwirtschaftliche Beratungsabteilung entwickelt komplette Programme zur Einführung von Technologien.
- Zielgebiete werden anhand von vorhandenen Daten und den Möglichkeiten des FMRC recherchiert und definiert. Kriterien sind u.a. agronomische Bedingungen, Arbeitslosenrate, begrenzte Ressourcen, Verfügbarkeit von Arbeitskräften, Produktionskosten.
- Die weitere Verbreitung der Ergebnisse erfordert eine verstärkte Beratungs- und Öffentlichkeitsarbeit. Aus diesen Gründen partizipiert das FMRC an Ausstellungen, veranstaltet Vorführungen und Feldtage und produziert ein umfangreiches Paket an Informationsmaterial.
Ein solches Informationspaket enthält u.a. auch sozioökonomische Vergleichsanalysen, die klare Aussagen über die Vor- und Nachteile des Einsatzes von Maschinen und Geräten treffen.
- Die sozialen Auswirkungen der Mechanisierung sind dem FMRC bewußt, weshalb verstärkte Anstrengungen unternommen wurden, diese zu untersuchen. Erste Detail-Studien liegen vor und werden in die zukünftigen Entscheidungen mit einfließen.
- Bei der Einführung von neuen Technologien und Innovationen ist es wichtig, daß diese beherrscht und verstanden werden. Folglich muß die Ausbildung von Bauern und landwirtschaftlichen Beratern als eine der wichtigsten Komponenten angesehen werden. Bis heute wurden vom FMRC über 1400 Bauern und über 700 landwirtschaftliche Berater ausgebildet.
Mit Hilfe des FMRC wurden Trainingsprogramme und die dafür notwendigen Hilfsmittel entworfen, so daß heute Dokumentations- und Ausbildungsfilme zur Verfügung stehen. In diesem Zusammenhang ist die enge Kooperation des FMRC mit Institutionen und Organisationen, die im Ausbildungsbereich tätig sind, zu betonen.

Die oben aufgezeigten Aktivitäten beinhalten aus Gründen der Übersichtlichkeit nicht die Arbeit auf dem Gebiet der Landmaschinenherstellung und Produktion. Damit soll nicht ausgedrückt werden, daß dieser Bereich untergeordnet ist, vielmehr laufen die Aktivitäten oft parallel und gleichzeitig.

Die heute verfolgte Projektpolitik hat neben einer sinnvoll angepaßten Mechanisierung auch zum Ziel, eine auf einheimische Ressourcen basierende Landmaschinenindustrie zu unterstützen und aufzubauen. Dies bedeutet jedoch nicht, von Importen vollkommen unabhängig zu werden, da für gewisse Produkte der Markt einfach zu klein ist oder die Stückzahl eine zufriedenstellende Produktion nicht ermöglichen würde. Man kann davon ausgehen, daß z.B. Traktoren und Motoren auch in Zukunft nicht im Lande hergestellt werden.

Über die Abteilung Industrieberatung unterstützt das FMRC die Landmaschinenherstellung mit einer Vielzahl von Instrumenten und Hilfen.
- Nachdem geeignete Geräte und Maschinen für einzelne Operationen ausfindig gemacht wurden, müssen alle relevanten Informationen, die zur Herstellung notwendig sind, zusammen getragen werden. Die zu beantwortenden Fragen sind z.B.:

- Welches Material ist vorhanden?
- Welche Maschinen und Werkzeuge sind für die Herstellung notwendig?
- Wird das Material importiert oder selbst produziert?
- Um den Markt analysieren und den Herstellern sowie Beratern Anhaltspunkte liefern zu können, ist eine vorläufige Kalkulation der Herstellungskosten und des Endverbraucherpreises erforderlich.
- Die Produktion von Prototypen, eine Analyse der Schwachstellen und deren Behebung sowie die bereits erwähnten Tests und Versuche im Labor sowie im Feld durch den Bauern sind das breite Informationsfeld, welches genaue Daten für die Entscheidungen bietet.
- Die limitierten Möglichkeiten der Bauern werden bereits bei diesen ersten Schritten mit einbezogen. Aus Sicht der Bauern ist zu beachten:
  - einfache Handhabung
  - geringe Wartung und geringer Verschleiß
  - günstige ökonomische Daten
  - gute qualitative Arbeitsleistung.

Hier sei darauf hingewiesen, daß nur ein Kompromiß den Bauern und Hersteller gleichzeitig befriedigen kann. Eine preiswerte Maschine für den Bauern und zugleich ein hoher Profit für den Hersteller lassen sich nur begrenzt erzielen.

- Eine kommerzielle Produktion der Maschinen und Geräte erfordert weit mehr als nur das Angebot. Hersteller müssen angesprochen und nach bestimmten Kriterien ausgewählt werden. Hersteller, die mit dem FMRC zusammenarbeiten, können auf ein reiches Angebot von unterstützenden Maßnahmen zurückgreifen.

Bis heute hat das FMRC 34 Hersteller (Klein-, Mittel- und Großbetriebe) ausgebildet und unterstützt. Zusätzlich zur Ausbildung wurden Prototpyen, Zeichnungssätze, Vorrichtungen, Werkzeuge und Kostenrechnungen zur Verfügung gestellt. Die Einführung von Qualitätskontrollen und Vermarktungshilfen werden angeboten. Hersteller werden somit technisch, finanziell und personell vom FMRC gefördert.

Über die dargestellten Arbeitsgebiete hinaus sind weitere Aktivitäten des FMRC hervorzuheben. Ein Großteil der Ressourcen fließt auch heute noch in die physische Infrastruktur des Zentrums, die Ausbildung der Counterparts sowie die Kooperation mit lokalen, regionalen und internationalen Institutionen. Darüber hinaus wird das Fachwissen von Entscheidungsträgern und nicht zuletzt auch das der Bevölkerung erweitert.

12. Projektergebnisse und Auswirkungen

In den ersten Jahren der Zusammenarbeit konnten nur bescheidene Ergebnisse erzielt werden. Erst nach einer zweijährigen Orientierungsphase ist ein Weg gefunden worden, der eine sinnvoll angepaßte Mechanisierung der Landwirtschaft in Sri Lanka verfolgt. Für die mittlerweile beachtlichen Erfolge können eine Reihe von Gründen angeführt werden.

- Der Aufbau einer physischen Infrastruktur erlaubt es dem FMRC, die ihm gestellten Aufgaben auf einem hohen qualitativen Standard auszuführen. Es stehen dafür nun Gebäude für Büros und Labors, die technische Ausrüstung sowie ein Fahrzeugpark zur Verfügung.
- Es konnte ein äußerst positives Bild bei den Zielgruppen sowie in der Öffentlichkeit erarbeitet werden. Die Institution wird unbestritten als die wohl kompetenteste Autorität auf dem Gebiet der Mechanisierung angesehen.
- Das Fachpersonal wird den Anforderungen gerecht. Die Aus- und Weiterbildung von Counterparts sowie von privaten Herstellern soll auch in Zukunft dazu beitragen, neue Impulse für die Mechanisierung zu geben.
- Der erreichte Standard der internationalen Zusammenarbeit ist einzigartig. Hervorzuheben ist die Kooperation mit dem International Rice Research Institute (IRRI) und dem Regional Network for Agricultural Mechanization (RNAM).
- Erstmalig konnten den Bauern Geräte und Maschinen zur landwirtschaftlichen Produktion angeboten werden, die ihre spezifischen Probleme lösen.
- Wichtige Anstöße und Impulse wurden an die Hersteller weitergegeben, eine qualitative Verbesserung der Geräte und Maschinen und Einführung neuer Produkte waren das Ergebnis.
- Erstmals konnten in Sri Lanka Lösungen für Operationen gefunden werden, die bisher nicht mechanisiert waren und in der landwirtschaftlichen Produktion limitierende Faktoren darstellten, z.B. Schwadmähen von Reis, Verpflanzen von Reis.
- Negative Auswirkungen der Mechanisierung werden durch eine sachliche, verantwortungsvolle Projektarbeit eingedämmt. Entscheidungsträger werden durch das Angebot von zahlreichen Informationen unterstützt.
- Das Konzept, von der Grundlagen- zu einer Applikationsforschung zu kommen, wurde realisiert. Unter diesem Aspekt ist auch der Aufbau der Industrieberatungsabteilung zu sehen.
- Importierte Technologien wurden durch einheimische Ressourcen ersetzt, die sowohl vom Bauern als auch vom Hersteller beherrscht werden.

13. Zukünftige Aktivitäten

Die deutsch-srilankaische Zusammenarbeit beim FMRC wird nach dem letzten Abkommen bis Juli 1989 fortgesetzt. Eine weitere Evaluierung soll prüfen, ob über diesen Zeitraum hinaus eine zwei- bis dreijährige Auslaufphase notwendig ist. Daraus läßt sich schließen, daß es den Partnern durchaus bewußt ist, daß Probleme der Mechanisierung nur langfristig gelöst werden können. Von der Entwicklung bis zum serienreifen Produkt und dessen Einführung werden in hochindustrialisierten Ländern auch heute noch fünf bis zehn Jahre veranschlagt. Es wäre ein Trugschluß zu glauben, dies in Entwicklungsländern in wesentlich kürzeren Zeiträumen erreichen zu können. Die Argumente für ein langfristiges Angehen bei der Problemlösung innerhalb der Mechanisierung die oben genannt wurden, sind auch Grundlage für die weitere Planung beim FMRC. Als vorrangige zukünftige Aktivitäten können genannt werden:

- die Konsolidierung der bisher erreichten Ergebnisse;
- eine Auslagerung und teilweise Übertragung von einzelnen Aktivitäten, z.B. können die Ausbildung von Bauern und Herstellern an das FMTC, die landwirtschaftliche Beratung verstärkt an die Extension Division im Department of Agriculture angegliedert werden;
- eine verstärkte Kooperation mit einheimischen Institutionen und Organisationen auf dem Gebiet der Mechanisierung (Mahaweli Authority, ARTI, etc.);
- die Vervollständigung der physischen Infrastruktur des FMRC, was bauliche Maßnahmen und technische Ausrüstung betrifft;
- das Follow-up von Bauern und Herstellern soll ausgebaut und ein beiderseitig notwendiger Informationsfluß sichergestellt werden;
- eine mögliche Regionalisierung wird in Betracht gezogen, was allerdings noch einiger Prüfungen und Überlegungen bedarf;
- nicht zuletzt ist darauf hinzuarbeiten, daß auch in Zukunft ein effizientes Management beim FMRC gewährleistet werden kann.

14. Zusammenfassung

Sri Lanka hat im Vergleich zu vielen anderen Entwicklungsländern wesentliche Vorteile für eine gezielte Entwicklung des Landes:
- eine Bevölkerung, die im großen Maße eine formale Ausbildung genossen hat (87 Prozent Alphabetenrate);
- eine fortgeschrittene Infrastruktur;
- einen funktionsfähigen staatlichen Verwaltungsapparat, Institutionen und Organisationen.

Die Voraussetzungen für eine kontinuierlich erfolgreiche Zusammenarbeit sind gut. Vor diesem Hintergrund ist es dem FMRC gelungen, einen wesentlichen Beitrag zur Mechanisierung der Landwirtschaft in Sri Lanka zu leisten. Eine sozioökonomisch sinnvolle und angepaßte Mechanisierungsstrategie wird verfolgt und konnte negative Auswirkungen der Mechanisierung vermeiden beziehungsweise weitgehend in Grenzen halten.
- Es ist erstmals gelungen, eine auf einheimische Ressourcen basierende Serienproduktion von qualitativ hochwertigen Geräten und Maschinen mit Klein- und Mittelbetrieben zu initiieren. Gleichzeitig wurde durch die Ausbildung von Bauern, Beratern und Landmaschinenherstellern sichergestellt, daß die Technologie verstanden und beherrscht wird. Einem Teil der landwirtschaftlichen Betriebe stehen nun Maschinen und Geräte für die Mechanisierung ihrer Landwirtschaft zur Verfügung. Entscheidungsträger sowie größere Teile der Bevölkerung konnten vom umfangreichen Informationsangebot Gebrauch machen und an zahlreichen Demonstrationen, Ausstellungen und Veranstaltungen teilnehmen.

FRMC Sri Lanka: The Rice Transplanter

A unique example of appropriate farm mechanization in world agriculture and integrated rural development

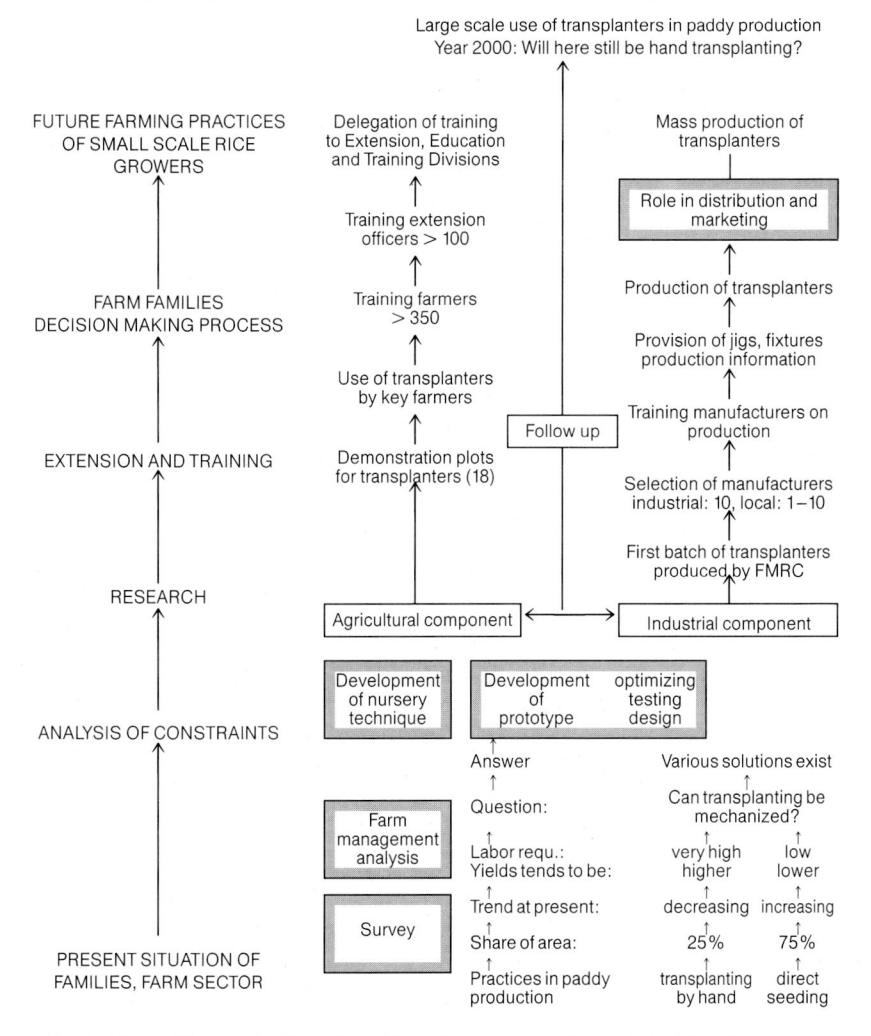

Large scale use of transplanters in paddy production
Year 2000: Will here still be hand transplanting?
↑

FUTURE FARMING PRACTICES OF SMALL SCALE RICE GROWERS	Delegation of training to Extension, Education and Training Divisions	Mass production of transplanters
↑	↑	↑
	Training extension officers > 100	**Role in distribution and marketing**
	↑	↑
FARM FAMILIES DECISION MAKING PROCESS	Training farmers > 350	Production of transplanters
↑	↑	↑
	Use of transplanters by key farmers	Provision of jigs, fixtures production information
	↑	↑
		Training manufacturers on production
	Follow up	
EXTENSION AND TRAINING	Demonstration plots for transplanters (18)	↑
↑		Selection of manufacturers industrial: 10, local: 1–10
		↑
		First batch of transplanters produced by FMRC
RESEARCH		
↑	Agricultural component ←→	Industrial component
	Development of nursery technique	**Development of prototype** **optimizing testing design**
ANALYSIS OF CONSTRAINTS		
↑		Answer Various solutions exist
		↑ ↑
	Farm management analysis	Question: Can transplanting be mechanized?
		↑ ↑
		Labor requ.: very high low
		Yields tends to be: higher lower
		↑ ↑
		Trend at present: decreasing increasing
	Survey	↑ ↑
		Share of area: 25% 75%
PRESENT SITUATION OF FAMILIES, FARM SECTOR		↑ ↑
		Practices in paddy production: transplanting by hand direct seeding

Abb. 6: Die Einführung der Reispflanz-Maschine in der Landwirtschaft Sri Lankas
Quelle: Adelhelm/Schilling Evaluation 1986

Abkürzungen:	
ARTI:	Agrarian Research and Training Institute
D.A.:	Department of Agriculture
FMRC:	Farm Mechanization Research Centre
FMTC:	Farm Mechanization Training Centre
IRRI:	International Rice Research Institute
M.A.:	Ministry of Agriculture
RNAM:	Regional Network for Agricultural Mechanization

Literaturverzeichnis Sri Lanka

Adelhelm, R., Schilling, E.: Evaluierungsgutachten, Farm Mechanization Research Center 1986; Eschborn 1986, Bundesrepublik Deutschland

Farrington, J., Abeyratne, F.: Farm Power and Water Use in the Dry Zone, ARTI, Reading Project; Colombo 1983, Sri Lanka

FMRC: Arbeitspapiere, Veröffentlichungen, interne Berichte; Maha Illuppallama 1984–1987, Sri Lanka

GTZ: Fortschrittsberichte, Rahmenabkommen 1987; Eschborn/Maha Illuppallama Bundesrepublik Deutschland/Sri Lanka

Guntz, M.: Facts and Figures relevant to Farm Mechanization in Sri Lanka; Maha Illuppallama 1986, Sri Lanka

Munzinger, P., Rahman: Evaluierungsgutachten; FMRC 1985, Eschborn 1985, Bundesrepublik Deutschland

Pompol, O. et al.: Assessment of agricultural engineering projects in Sri Lanka; Munich/Eschborn 1979, Bundesrepublik Deutschland

Siemens, J.: Abhängigkeit und Unterentwicklung von Ceylon/Sri Lanka; Frankfurt/M 1979, Bundesrepublik Deutschland

Statistisches Bundesamt Wiesbaden: Statistik des Auslandes, Länderbericht Sri Lanka, 1984; Wiesbaden 1984, Bundesrepublik Deutschland

Steinmann, K.H.: Eigenaufzeichnungen, Erhebungen, Interviews; Maha Illuppallama 1984–1987, Sri Lanka

Übergabezeremonie von Reisverpflanzgeräten in Anuradhapura
(Foto: GTZ/K. H. Steinmann)

Reisverpflanzgerät im Einsatz (Foto: FMRC, Maha Illuppallama)

Testen eines Reisdreschers (Foto: M. Guntz FMRC, Maha Illuppallama)

Handgezogenes Reihensägerät
(Foto: FMRC, Maha Illuppalama)

1. Ergebnisse der Technischen Zusammenarbeit der Bundesrepublik Deutschland im Bereich „Mechanisierung der Technischen Landwirtschaft"

In sämtlichen Projekten des Leistungsschwerpunktes Landmaschinenprüfung und -Entwicklung konnten positive Beiträge zur Mechanisierung der Landwirtschaft in den genannten Entwicklungsländern erbracht werden. Dabei ist herauszustellen, daß die Qualität der Arbeit sowie die Aktivitäten in den Ländern verbessert und gesteigert werden konnten. Dies steht sicherlich auch im Zusammenhang mit den veränderten Vorstellungen über Ziele und Inhalte von Entwicklung. Der Euphorie, mit Kapital und Technologie einen schnellen Beitrag zur Entwicklung der Dritten Welt leisten zu können, steht heute ein nüchternes, analytisches Planen und Vorgehen bei Entwicklungsprojekten gegenüber. Zu Pessimismus innerhalb der Entwicklungszusammenarbeit auf dem Gebiet der Mechanisierung besteht kein Anlaß. Konstruktive Kritik allerdings ist angebracht und erwünscht.

2. Defizite der Zusammenarbeit

Vor der Zusammenarbeit
- In den Entwicklungsländern sind nur geringe Vorstellungen über die vorteilhaften und erwünschten Mechanisierungsraten vorhanden.
- Die Anträge zur Zusammenarbeit auf dem Gebiet entbehren oft der notwendigen Information und Gründlichkeit oder sind reine Wunschvorstellungen.
- Die entsandten Gutachterteams kommen überwiegend aus dem westlichen Kulturkreis und selbst einheimische Experten haben in der Regel eine an westlichen Vorbildern orientierte Ausbildung absolviert.
- Dem kurzen Gutachtereinsatz und dem Gutachten selbst werden zuviel Aussagekraft zugestanden.
- Es ist zwar von Partnerschaft und Kooperation die Rede, jedoch werden die betroffenen Zielgruppen nur am Rande beteiligt.
- Bei der Formulierung der zukünftigen Zusammenarbeit entsprechen Annahmen und theoretische Überlegungen und Gutgläubigkeit oft nicht der Realität und der Praxis.
- Die Bedürfnisse wie auch limitierenden Faktoren der Zielgruppen sind nur am Rande bekannt und werden deshalb zu wenig beachtet.

Während der Zusammenarbeit
- Die Zielformulierungen entsprechen nicht der Realität und den Bedürfnissen der Zielgruppen.
- Der Partner ist mit der finanziellen, personellen und kurzfristigen Planung überfordert.

- Die Abkommen lassen keine flexible Projektpolitik und Anpassung der Ziele an die Bedürfnisse zu.
- Bei der Zusammenarbeit ist man zu stark mit sich selbst beschäftigt, so daß nur ein geringer Anteil der Arbeit nach draußen dringt. Die einheimischen Forschungsanstalten haben dazu ein ganz besonderes Verhältnis.
- Die Kooperation und Abstimmung mit anderen Institutionen und Trägern ist meist auf ein Minimum beschränkt.
- Das Rad wird noch einmal erfunden und bestätigt.
- Die hohe Arbeitsfluktuation läßt eine gezielte, kontinuierliche Arbeit nur in engen Grenzen zu.
- Verantwortung wird hin und her geschoben, ohne daß der einzelne mit ernsthaften Konsequenzen rechnen muß.
- Verzögerungen bei der Besetzung der Personalstellen sowie nicht immer ausreichende Eignung der Stelleninhaber beeinträchtigen die Projektarbeit.

Nach der Zusammenarbeit
- Die Arbeit endet oft zu abrupt, was zur Folge hat, daß die Aktivitäten wegen Personal- und Finanzmangel zurückgefahren werden müssen.
- Eine vorausschauende, langfristige Planung auch nach Auslaufen der Zusammenarbeit liegt nicht vor. Projekte fallen in ihren Ausgangszustand zurück.
- Ausgebildetes Personal sucht sich lukrativere Arbeitsplätze. Ein effizientes Management ist somit nicht sichergestellt.
- Auf der Gegenseite brechen die Kontakte ab, der Informationsfluß ist unterbrochen, das Projekt abgehakt.
- Die lokalen Entscheidungsträger wenden sich neuen Aufgaben zu.

3. Vorschläge zur Qualitätsverbesserung und Steigerung der Effektivität bei der Zusammenarbeit auf dem Gebiet der Mechanisierung der Landwirtschaft

Obwohl heute gravierende Fehlentscheidungen äußerst selten sind, ist noch einiges zu tun, um zum Nutzen aller Beteiligten Projekte gezielter und mit größerer Außenwirksamkeit durchzuführen.

Durch die Berücksichtigung der oben angeführten Schwachstellen und Probleme bei der Zielformulierung können einschneidende Nachteile in der Zusammenarbeit vermieden werden.

3.1 Gemäßigte Zielformulierungen

In den meisten Entwicklungsländern ist aufgrund der vorhandenen Infrastruktur ein effizientes und produktives Arbeiten wie in den Industrieländern kaum möglich. Ressourcen in der Landwirtschaft (Kapital, Arbeit und Boden) fehlen. Die ländliche Bevölkerung hat in der Regel keine spezielle Ausbildung und orientiert sich an traditionellem Wissen und hergebrachten Techniken. Die Agrarstruktur hemmt die Mechanisierung. Vor diesem Hintergrund dürfen keine Ziele formuliert werden, die sich aus den Erfahrungen der Industrieländer ableiten bzw. diese als Maßstab haben. Die Entwicklung der Landwirtschaft ist ein langfristiges Unternehmen und bedarf einer großzügigen, vorausschauenden Zielformulierung. Ist dies nicht der Fall, sind Fehlschläge unvermeidbar.

3.2 Standort- und trägergerechte Planung

Einzelne urbane Zentren ziehen die ländliche Bevölkerung in ihren Bann. Dies trifft insbesondere für die neue Mittelklasse und die Elite in den Entwicklungsländern zu, die dort den Puls der Entwicklung vermuten. Projekte, die in abgelegenen Räumen angesiedelt werden und qualifiziertes Personal benötigen, haben sich allein durch eine solche Standortwahl negative Ausgangsbedingungen geschaffen. Qualifiziertes Personal strebt danach, an den Errungenschaften der modernen Welt teilzuhaben, ihre Kinder sollen die Möglichkeit haben, eine gute Ausbildung zu genießen.

Institute, Ministerien, Organisationen und private Firmen sind in der Mehrzahl in den Hauptstädten oder größeren Zentren angesiedelt, dies bedeutet, daß dort auch die größten Karrierechancen sind. Kommunikation, Abstimmung und Zusammenarbeit mit anderen Institutionen läßt sich bei schlechter Standortwahl nur erschwert durchführen.

Ausländischem und einheimischem Personal fehlt oft der notwendige Pioniergeist, um im Busch zu arbeiten.

Aus dieser Auflistung der Nachteile des ländlichen Raumes für die Zusammenarbeit muß man schlußfolgern, daß entweder Projekte an attraktiven Standorten angesiedelt werden, oder aber daß der ländliche Raum von seinen Standortnachteilen soweit wie möglich befreit werden müßte. Dazu sind aber zusätzliche Ressourcen notwendig, die meist den Träger überfordern und nur selten erbracht werden können.

3.3 Situations- und Bedarfsanalyse

Vorhandenes Datenmaterial kann einen ersten Einblick in die relevanten Rahmenbedingungen eines gemeinsamen Vorhabens erbringen. Es reicht jedoch nicht aus, um detaillierte Arbeitsziele zu definieren. Eine umfassende Analyse des Agrarsektors und die Bedarfsermittlung bei den Zielgruppen sollten als Planungsgrundlage erachtet werden. Der direkte Einbezug der Zielgruppe ist unerläßlich, um Risiken auszuschalten und ein gewisses Maß an Erfolg zu erreichen. Die

Analysen können vor der Zusammenarbeit oder während der Implementierungsphase durchgeführt werden. Nicht viele umfangreiche Studien sollten das Ziel sein, sondern aussagekräftige und praxisrelevante, die sich direkt für die Zusammenarbeit verwenden lassen. Speziell für die Mechanisierung bedeutet dies zu erfassen: was möchte der Bauer mechanisiert haben, kann er sich die Mechanisierung leisten, welche Konsequenzen hat die Mechanisierung für den einzelnen Bauern, die Dorfgemeinschaft und die ländliche Bevölkerung.

3.4 Umfang der Aktivitäten und Prioritäten

Die Kapazitäten der Nehmer- sowie der Geberseite sind begrenzt. Ein zu umfangreiches, ausuferndes Programm dürfte daher von vornherein als eine Fehlentscheidung angesehen werden. Limitierte Ressourcen sollten sinnvoll und wirksam eingesetzt werden, dazu bedarf es Prioritäten in der Zusammenarbeit. Kompromisse werden sich hierbei nicht vermeiden lassen.

Was macht eine Prioritätensetzung bei der Mechanisierung der Landwirtschaft erforderlich? Einzelne Institute, Organisationen sind nicht in der Lage das ganze Spektrum der Mechanisierung abzudecken. Eine Splitting und Übertragung von ganzen Sektoren oder Bereichen ist langfristig unvermeidbar. Ausbildung, Entwicklung, Dissemination von Innovationen etc. können durch Kooperation geleistet werden.

3.5 Flexible Projektpolitik

Nicht selten ändern sich politische oder wirtschaftliche Bedingungen in Entwicklungsländern, die erheblichen Einfluß auf die Projekte haben, ohne daß die Projekte darauf genügend vorbereitet sind. Die Einflüsse können interne oder auch externe Ursachen haben, z.B. starke Schwankungen der Weltmarktpreise für Nahrungsmittel und Rohstoffe. So manchem Projekt wurde dadurch seine Daseinsberechtigung entzogen oder es hatte an schwerwiegenden Folgen zu tragen. Selbst weniger dramatische Ereignisse können dazu führen, daß manche Bereiche der Zusammenarbeit wenige oder gar keine Früchte tragen, z.B. Importzölle, Beschränkungen etc.

Wie kann dem entgegengewirkt werden? Vielen Projekten wird heute bereits eine sogenannte Orientierungsphase zugestanden. Dadurch wird eine detaillierte, an den Bedürfnissen der Zielgruppen und des Landes orientierte Bestimmung der Ziele ermöglicht. Doch jede noch so sorgfältige Planung ist zum Scheitern verurteilt, wenn nicht eine Anpassung der Ziele und Aktivitäten an veränderte Voraussetzungen möglich ist. Zu starre Rahmen- und Projektabkommen entsprechen nicht den Anforderungen eines dynamischen, lebendigen Entwicklungsprozesses von und für Menschen. Eine partnerschaftliche Zusammenarbeit muß daher eine offene, konstruktive Projektpolitik verfolgen und Zieländerungen zulassen.

Daß dabei organisatorische und gesetzliche Vorschriften beachtet werden müssen, ist selbstverständlich. Jedoch sollten sie nicht zu unüberwindlichen Hürden werden.

3.6 Counterpartfortbildung

„Human management is maintenance intensive"

Was ist damit gemeint? In allen Projekten sind Mitarbeiter und Partner die wertvollsten Ressourcen, ohne die nichts geht. Mechanisierung der Landwirtschaft läßt sich nur mit Menschen und nicht gegen Menschen durchführen. Eine besondere Aufgabe liegt deshalb in der Ausbildung und Motivation der Counterparts und der Zielgruppen. Probleme des Technologietransfers können gelöst werden, die Einführung von Innovationen läßt sich bewerkstelligen, wenn Zielgruppen und Partner damit einverstanden sind und verantwortungsbewußt mit den Förderungsinstrumenten umzugehen wissen.

Eine Personalfluktuation ist in gewissen Grenzen natürlich. Wo diese Grenzen überschritten werden, müssen Gegenmaßnahmen ergriffen werden. Wenig erfolgversprechend wäre es, Mitarbeiter gegen ihren Willen auf ihren Arbeitsplätzen zu halten. Arbeitsplätze in den Projekten und das Projektumfeld müssen daher attraktiver gestaltet werden, wenn langfristige Ziele verfolgt werden. Eine kontinuierliche Counterpartfortbildung ist unerläßlich. Gleichzeitig sollte der Ausbildungsbereich der Länder genügend qualifizierte Absolventen der verschiedenen Stufen zur Verfügung stellen.

3.7 Nutzung der vorhandenen Infrastruktur auf dem Gebiet der Mechanisierung

Landmaschineningenieure, Mechaniker, Landwirtschaftsberater und eine gewisse Anzahl von Bauern werden bereits in vielen Entwicklungsländern ausgebildet und arbeiten auf verschiedenen Ebenen innerhalb der Wirtschaft, speziell im Agrarsektor. Die Qualität der theoretischen Ausbildung erreicht oft einen internationalen Standard, der Praxisbezug jedoch wird wegen fehlender Möglichkeiten oft vernachlässigt.

– Das heißt, Voraussetzungen und Ressourcen existieren, Schwachstellen müssen analysiert und behoben werden. Es besteht keine Notwendigkeit, parallele Strukturen zu bereits existierenden aufzubauen. Diese Strukturen müssen nur komplementiert und mit in die Arbeit einbezogen werden. Übermäßiges Konkurrenzverhalten einiger Institutionen und Organisationen sollte abgebaut und eine fruchtbare Zusammenarbeit angestrebt werden.

Prestigeverhalten und das Abstecken von Terrain sind sicherlich nicht sinnvoll, die Kunst besteht vielmehr darin, vorhandene Ressourcen zum Wohle aller einzuspannen. Wissen sollte ausgetauscht werden, um auszuschließen, daß das Rad noch einmal erfunden wird oder eine fehlgeleitete Grundlagenforschung betrieben wird.

3.8 Außenwirksamkeit und Öffentlichkeitsarbeit

Eine CIAGR-Studie bestätigt, was oft vermutet wurde: Forschungsinstitute in Industrie- und Entwicklungsländern sind selten in der Lage, ihre Forschungsergebnisse in die Praxis, zum Nutzen der ländlichen Bevölkerung, umzusetzen. In Entwicklungsländern hat dies folgende Gründe:
– Es wird versucht, Grundlagenforschung zu betreiben, obwohl Ressourcen dafür nicht vorhanden sind und gute Resultate national oder international bereits vorliegen.
– Es existiert kein Informationsfluß zu den Zielgruppen, somit mangelt es auch an einem hinreichenden Feedback.
– Die Bedürfnisse und Bedingungen der Zielgruppen sind nicht bekannt.
– Es wurde versäumt, eine effektive Beratungsarbeit für den Hersteller, Berater und Bauern aufzubauen.

Das heißt, die Umsetzung von Forschungsergebnissen ist davon abhängig, inwieweit die oben genannten Schwachstellen behoben werden können. Eine aktive offene Informationspolitik und Öffentlichkeitsarbeit ist daher notwendig, dies muß als ein fester Bestandteil der Projektaktivitäten etabliert werden. Die forcierte Sympathiewerbung eines Projektes erleichtert es, von den Zielgruppen anerkannt und als kompetent eingestuft zu werden.

3.9 Konzept der Nachbetreuung

Werden gemeinsame Projekte „übergeben" oder besser, zieht sich der Partner aus der Bundesrepublik Deutschland zurück, kommen Probleme auf den Partner zu, die ihn überfordern. Als Gründe hierfür können angeführt werden:
– eine während der Projektlaufzeit aufgeblähte Aktivitätenvielfalt;
– fehlende Finanzmittel, die Aktivitäten fortzuführen;
– Verlust von qualifiziertem Managementpersonal;
– Abbruch der Kontakte.

Diese Schwierigkeiten könnten durch ein bewußtes frühzeitiges Planen vermieden werden. Parallel sollte aber auch das Instrument der Nachbetreuung ausgebaut werden, um zu ermöglichen, daß, wenn auch in eingeschränktem Maße, weiterhin Hilfe geleistet werden kann, sei es finanziell, durch technische Lieferungen oder durch den Einsatz von Kurzzeitexperten.

Es wäre durchaus eine Überlegung wert, ob nicht von sämtlichen Projekten innerhalb eines Schwerpunktes ein minimaler Prozentsatz der Mittel abgezweigt und in einem Pool für Nachbetreuungsmaßnahmen gesammelt werden könnte, um damit eine permanente Nachbetreuung über viele Jahre nach der Übergabe zu organisieren. Viele Partner wären schon froh, wenn zumindest die menschlichen Kontakte weiterleben würden. Womit sich der Kreis wieder geschlossen hätte: Entwicklung mit und für Menschen!

Literaturverzeichnis

Bergmann, T.: Mechanization and Agricultural Development 1. General Report, Edition Herodot, Göttingen 1984, Bundesrepublik Deutschland

Binswanger, H. P.: Agricultural Mechanization, A Comparative Historical Perspective, World Bank, Washington 1984, USA

BMZ: Aus Fehlern lernen, Bundesministerium für wirtschaftliche Zusammenarbeit, Bonn 1986, Bundesrepublik Deutschland

Bodenstedt, A. A.: Agricultural Mechanization and Employment, Verlag Breitenbach, Saarbrücken 1977, Bundesrepublik Deutschland

Dissanayake, A.: The Role of Agricultural Extension in Promoting Appropriate Farm Mechanization with Special Reference to Sri Lanka; unpublished thesis, University of Reading, Reading 1987, United Kingdom

Dunn, P. D.: Appropriate Technology, London 1978, United Kingdom

Gifford, R. C.: Agricultural mechanization in development: guidelines for strategy formulation; FAO Bulletin N 45, Rome 1984, Italy

IRRI: Consequences of Small Farm Mechanization, International Rice Research Institute, Los Banos 1983, Philippines

Krause, R.: Leistungsschwerpunkt Agrartechnik, unveröffentlichtes Manuskript, GTZ Eschborn 1986, Bundesrepublik Deutschland

Marsden, K.: Technological Change in Agriculture Employment and Overall Development Strategy, Ilo, Geneva 1974

Martins, H.: Development Oriented Mechanization of Agriculture in Bangladesh, Verlag Breitenbach, Saarbrücken Fort Lauderdale 1981, Bundesrepublik Deutschland

Tschiersch, J. E.: Appropriate Mechanization for Small Farmers in Developing Countries, Verlag Breitenbach, Saarbrücken 1978, Bundesrepublik Deutschland

Tschiersch, J. E. et al.: Landwirtschaftliche Geräte in Entwicklungsländern, Verlag Breitenbach, Saarbrücken 1978, Bundesrepublik Deutschland

Deutsche Gesellschaft für Technische Zusammenarbeit (GTZ) GmbH
Dag-Hammarskjöld-Weg 1 + 2 · D 6236 Eschborn 1 · Telefon (0 61 96) 79-0 · Telex 4 07 501-0 gtz d

Die GTZ ist ein bundeseigenes Unternehmen mit dem Aufgabengebiet „Technische Zusammenarbeit". In etwa 100 Ländern Afrikas, Asiens und Lateinamerikas realisieren ca. 4500 Experten zusammen mit einheimischen Partnern Projekte in nahezu allen Bereichen der Sektoren Land-und Forstwirtschaft, Wirtschaft und Sozialwesen sowie institutionelle und materielle Infrastruktur. – Auftraggeber der GTZ sind neben der deutschen Bundesregierung andere staatliche oder halbstaatliche Stellen.

GTZ-Leistungen u. a.:

- Prüfung, fachliche Planung, Steuerung und Überwachung von Maßnahmen (Projekten, Programmen) entsprechend den Aufträgen der Bundesregierung oder anderer Stellen,
- Beratung anderer Träger von Entwicklungsmaßnahmen,
- Erbringung von Personalleistungen (Suche, Auswahl, Vorbereitung, Entsendung von Fachkräften, persönliche Betreuung und fachliche Steuerung durch die Zentrale),
- Erbringung von Sachleistungen (technische Planung, Auswahl, Beschaffung und Bereitstellung von Sachausrüstung),
- Abwicklung finanzieller Verpflichtungen, gegenüber Partnern in Entwicklungsländern.

Die **Schriftenreihe der GTZ** umfaßt ca. 210 Titel. Das Gesamtverzeichnis kann über die Stabsstelle 02 – Presse- und Öffentlichkeitsarbeit – der GTZ oder die TZ-Verlagsgesellschaft mbH, Postfach 1164, D 6101 Roßdorf, bezogen werden.